Verständliche Wissenschaft

Fünfundzwanzigster Band

Die Bausteine der Körperwelt

Von

Theodor Wulf

Springer-Verlag Berlin Heidelberg GmbH 1935

Die Bausteine der Körperwelt

Eine Einführung in die Atomphysik

Von

P. Theodor Wulf

Professor der Physik
am Ignatiuskolleg zu Valkenburg

1. bis 5. Tausend

Mit 40 Abbildungen

Springer-Verlag Berlin Heidelberg GmbH 1935

ISBN 978-3-642-89082-6   ISBN 978-3-642-90938-2 (eBook)
DOI 10.1007/978-3-642-90938-2

Inhaltsverzeichnis.

1. Einleitung.

Die schöne weite Welt da draußen, die uns rings umgibt, geht uns Menschen sehr nahe an. Denn was würde wohl aus uns werden, wenn wir von ihr nicht beständig Luft, Nahrung, Kleidung, Wohnung erhielten? Darum können wir an der Natur gar nicht achtlos vorübergehen.

Wir bewundern die Schönheit dieser Welt, ihrer Berge und Täler, ihrer Gletscher und Meere. Wir freuen uns ihres Reichtums, von dem sie freigebig uns bietet, wenn im Sommer vom Brotkorn schwer die Ähren sich neigen, wenn die Zweige der Bäume, mit kostbaren Früchten beladen, tief zu Boden hängen, und wir genießen dankbar ihre Gaben. Wir stehen zitternd und ohnmächtig die Hände ringend da, wenn ungeheure Wasserfluten den in jahrelanger Arbeit mühsam gesammelten Reichtum verschlingen, wenn lohende Flammen ihn verzehren oder wenn plötzlich die Erde sich aufbäumt und mit Riesenfäusten alles durcheinanderschüttelt, bis die Häuser der Großen wie die Hütten der Armen in Trümmern am Boden liegen.

Bewunderung, Dankbarkeit und Schrecken haben von jeher die Gedanken des Menschen immer wieder hingelenkt auf diese rätselhafte Welt. Das war ihm von vornherein klar, daß hinter diesen sinnfälligen Erscheinungen noch etwas dahinterliegen müsse, das ihm verborgen war. Wenn nach trüber Winternacht im Frühling die Erde sich auftut und die Felder und Wiesen färbt mit frischem Grün, wenn dann die Zweige schwellen, die Knospen springen und die Blumen duften, wer stände da nicht voller Verwunderung vor dieser Zaubermacht geheimnisvollen Lebens? Oder wenn am blauen Himmel plötzlich schwarze Wolken sich zusammenballen und bald Strahl auf Strahl hernniederzuckt unter rollendem Donner und prasselndem Regen, wem drängte sich da nicht die verwunderte

Frage auf: „Woher kommt das alles?“ Mit andern Worten: ich bin überzeugt, alle diese Erscheinungen haben ihre Ursachen, ich kenne diese Ursachen nicht, aber ich möchte sie gern kennenlernen.

In seiner Ratlosigkeit hat der Mensch auf der niedersten Bildungsstufe die Naturkräfte selber als Götter verehrt und um Gnade und Erbarmen angefleht. Jetzt sind wir überzeugt, daß die Ursachen für diese Erscheinungen in den Dingen selbst gelegen sind, in ihren Kräften und ihren Eigenschaften. Seitdem sucht man die Natur zu erforschen, um schließlich aus den Eigenschaften der Dinge die Erscheinungen in der Körperwelt zu verstehen. Das „Verstehen“ meinen wir so, daß wir einsehen, ein so beschaffenes Ding muß so handeln. Wie der Uhrmacher weiß: wegen dieser Haken, Zähne, Federn, die so eingerichtet sind und so ineinandergreifen, muß die Uhr, sobald der Zeiger auf 12 steht, zu schlagen beginnen. Er kann also das Ereignis des richtigen Schlagens der Uhr zurückführen auf bestimmte Einrichtungen in der Uhr selber. Er sagt dann, daß er die Uhr versteht, daß sie kein Geheimnis mehr für ihn ist.

Bei der Betrachtung der Natur kam man schon bald zu der Erkenntnis, daß die Eigenschaften und Kräfte der großen Massen im allgemeinen erhalten bleiben, wenn wir zu kleinen, sogar zu sehr kleinen Körpern übergehen. Ein winziges Tröpfchen roter Tinte färbt eine kleine Fläche geradeso rot wie eine Flasche die ganze große Wand färbt. Und ein kleines Tröpfchen Petroleum ist ebenso brennbar wie ein ganzes Faß. Daraus gewinnen wir schon sehr früh die Überzeugung, daß die eigentlichen Träger der Eigenschaften nicht die großen Massen als solche sind, sondern sehr kleine Körpermengen. Es hat daher keinen Zweck, die großen Massen zu untersuchen, wir müssen an das Kleine und Kleinste herangehen. Und so weit ist unsere Kenntnis der Natur vorangeschritten, als wir vorangekommen sind in der Erkenntnis des Kleinen.

Das ist keine neue Erkenntnis unserer Zeit. Die *erste* Frage, die von den alten griechischen Naturphilosophen immer wieder behandelt wurde und zu allererst behandelt wurde, war die Frage nach den *letzten* Bausteinen der Körperwelt.

Aber erst seit dem Beginn der Neuzeit hat man größere Erfolge zu verzeichnen, offenbar erst seit dieser Zeit ist man mit der Naturforschung auf dem rechten Wege, benutzt man die richtigen, d. h. zweckdienlichen Verfahren. Die Verfahren der Neuzeit bestehen vor allem darin, daß man jetzt mit Maß und Zahl die Natur erforscht, nachdem man durch zahlreiche Erfolge eingesehen hat, daß die Natur wirklich durch und durch nach Maß und Zahl eingerichtet ist. Es kommt dazu, daß auch die bisherigen Kenntnisse schon wieder ein neues Hilfsmittel sind, um weitere zutreffendere Vermutungen über die Einrichtungen der Körperwelt zu prüfen. So sind die Fortschritte allmählich schneller und größer geworden, und etwa seit der letzten Jahrhundertwende drängen und jagen sich die neuen Erkenntnisse derart, daß auch der Forscher oft von den Gebieten, auf denen er nicht gerade selber arbeitet, gestehen muß: „Ich komme nicht mehr mit!" Für den Nichtphysiker, der sich aber doch mit den wichtigsten Ergebnissen wenigstens einigermaßen bekannt machen möchte, bleibt da nichts anderes übrig, als sich durch zusammenfassende Darstellungen, die auf seinen Bildungsstand Rücksicht nehmen, belehren zu lassen.

Eine solche zusammenfassende Darstellung soll das vorliegende Bändchen bieten. Sie folgt im allgemeinen dem geschichtlichen Lauf der Erforschung der Körperwelt. So konnte an jeder Stelle das Erreichte in seiner Bedeutung gewertet und die nächste Aufgabe mit ihren Hauptschwierigkeiten dargelegt werden, wodurch der Leser instand gesetzt werden dürfte, den Fortschritt der Wissenschaft zu würdigen, ja einigermaßen selber mitzuerleben oder nachzuerleben.

Mathematische Formeln sollten grundsätzlich vermieden werden. An einigen Stellen führte diese Forderung allerdings zu sehr großen Schwierigkeiten. Es kam nämlich im Verlaufe der Forschung einige Male vor, daß die ganze Beweiskraft für eine wichtige Folgerung darin bestand, daß eine mathematische Formel sich durch Versuche als richtig heraus-

stellte. Dann war der Nachweis eines solchen Zutreffens
ohne Mitteilung der Formel selbst doch nur in sehr be-
schränktem Maße möglich. Wenn aber diese Formeln oder
wenigstens wesentliche Teile derselben mit so leichten mathe-
matischen Hilfsmitteln entwickelt werden konnten, daß die
Benutzung algebraischer Zeichen in Multiplikation oder Division genügte, so wurde an einigen Stellen diese Formel wenigstens angeführt. Um aber anderen Lesern, die noch etwa über
die Kenntnisse der Mittelschulen in Physik und Mathematik
verfügen, eine Ausnutzung dieser Fähigkeiten zu ermöglichen,
wurden in einem kleinen Anhang einige mathematische Ent-
wicklungen beigefügt, die einem vertieften Verständnis des
Gebotenen dienen können.

Die Ausführungen des vorliegenden Bändchens gehen ungefähr so weit, als man bei den Folgerungen aus beobacht-
baren Tatsachen noch zu anschaulichen Vorstellungen über
die Körperwelt kommt. Die Wissenschaft ist hier im Begriff,
noch einen Schritt weiterzugehen. Es hat sich nämlich gezeigt, daß nicht alle beobachteten Tatsachen im Rahmen dieser anschaulichen Vorstellungen unterzubringen sind. Hier-
nach hat in den letzten zwei Jahrzehnten ungefähr eine
Weiterentwicklung eingesetzt, die sich vor allem theoretischer
Mittel bedient und mit dem Namen der Wellenmechanik und
der Quantenmechanik bezeichnet wird.
Da die Menge des Wissenswerten auch auf diesem Gebiete
schon sehr weit angewachsen ist, da andrerseits die Art der
Darstellung von der hier möglichen sehr weit abweichen muß,
so schien es zweckmäßig, diesem neuesten Zweig der physi-
kalischen Forschung ein eigenes Bändchen dieser Sammlung
(durch eine andere Hand) zu widmen, und wurde daher ein
Eingehen auf diese Dinge im vorliegenden Bändchen grundsätzlich vermieden.

2. Die Welt ist ein einheitliches Gebäude.

Die ersten Erwägungen über die Bausteine der Körperwelt
finden wir bei den griechischen Philosophen. Es waren ihrer
eine ganze Reihe, und ihre Meinungen gingen sehr weit aus-

4

einander. Erwähnenswert ist für uns vor allem die Lehre des größten von ihnen, des Aristoteles. Denn einmal blieb seine Auffassung auch noch das ganze Mittelalter hindurch die vorherrschende oder, richtiger gesagt, die allein herrschende, und so war sie zweitens diejenige, die am Ende des Mittelalters mit den neueren Auffassungen in unmittelbare Berührung kam.

Das Weltbild des Aristoteles.

Nach Aristoteles läßt sich die Gesamtheit der Körperwelt zurückführen auf vier Grundstoffe oder Elemente, es sind Erde, Wasser, Luft und Feuer. Zum Wesen der verschiedenen Elemente gehört, daß sie einen bestimmten Platz im Weltall zu eigen haben. Zu diesem Platz streben sie eben infolge ihrer Natur hin, dort möchten sie bleiben, und nur durch eine Gewalt von außen können sie von diesem Platz entfernt werden. Der Platz der festen Körper ist zuunterst, darüber ist das Reich des Wassers, über das Wasser lagert sich die Luft, und die Stätte des Feuers ist noch weiter oben und geht bis an die feurigen Himmelskörper Sonne, Mond und Sterne.

Aristoteles war durchaus der Ansicht, daß unsere Auffassungen über die Natur sich auf die Erfahrung stützen müssen, und meinte, daß seine Annahmen sich dieser Stütze erfreuen könnten. Denn die Steine mit dem Erdreich liegen tatsächlich zuunterst, die Flüsse, Seen und Teiche breiten sich an der Erdoberfläche aus, die Luft legt sich rings um das Ganze. Und wenn ein Körper von seinem zugehörigen Ort gewaltsam entfernt wird, so strebt er beständig dahin zurück. Man braucht ihm nur die Möglichkeit zu geben, so setzt er sich sofort in Bewegung seinem Heimatort zu. Der Stein fällt, sobald er losgelassen wird, von selber nach unten. „Von selber“, das soll heißen, die Ursache, die ihn in Bewegung setzt, ist in dem Stein selber, in seiner Natur gelegen, es braucht zur Erzeugung dieser Bewegung nichts weiter als den Stein in irgendeinem Abstand von der Erde. Ebenso ordnet sich ein Gemisch von Wasser und Sand in kurzer Zeit so, daß der Sand zuunterst, das Wasser darüber liegt. Eine Luftblase unter Wasser dagegen steigt „von selber“ auf und lagert sich oberhalb, während die Flamme einer brennenden Kerze auch noch in Luft immer nach oben strebt, man mag die Kerze halten wie man will. Alle diese Bewegungen sind den verschiedenen Elementen „natürlich“, sie gehen aus ihrer Natur hervor, es braucht gar keiner weiteren Anregung dazu. Sie heißen deshalb natürliche Bewegungen. Und nur diese Bewegungen zu ihrem Ort hin können die Körper aus sich oder von selber kraft ihrer Natur machen.

Jede Bewegung von diesem Ort weg ist dann eine widernatürliche, eine gewaltsame Bewegung. Die können die Körper selber überhaupt nicht machen. Sie können nur durch eine äußere Kraft in dieser Richtung getragen werden. Es bedarf daher einer Anstrengung, um einen Stein nach oben zu schleudern, während es zu einer Bewegung nach unten gar keiner Kraft bedarf. — Mit dieser ganzen Auffassung war es dann auch von selbst gegeben, daß die feste Erde den Mittelpunkt der Welt bildete, um den zuerst das Wasser, dann die Luft und zuletzt das Feuer seinen Platz hatte. In größerem Abstande jenseits des Feuers noch kreisten Mond und Sonne und die übrigen Sterne. Die Himmelskörper selbst bestanden nicht aus einem dieser vier Elemente, die nur für die irdischen Körper galten. Sie waren, aus einem eigenen fünften Element aufgebaut, quinta essentia, Quintessenz. So kam ihnen dann auch eine eigene Bewegung zu, die Kreisbewegung, die man ja leicht an allen Himmelskörpern beobachten konnte. Das war in ganz großen Zügen, was wir heute die Weltanschauung des Aristoteles nennen würden.

Als besonders wichtig für die Weiterentwicklung sei nur noch einmal hervorgehoben, daß nach dieser Auffassung zwischen der natürlichen Bewegung etwa eines Steines nach unten und der gewaltsamen Bewegung nach oben eine unüberbrückbare Kluft bestand; die erste machten die Körper infolge ihrer innersten Natur, die zweite machten sie gar nicht selbst, sie wurden nur von einer äußeren Kraft fortgetragen. Die beiden Bewegungen hatten nichts miteinander gemein.

Eine andere Eigentümlichkeit der Aristotelischen Elemen-

tenlehre besagte, daß die Elemente ineinander verwandelt
werden können. Sie sind zusammengesetzter Natur, sie bestehen aus einem materiellen Teil, der in allen Stoffen derselbe ist und den Körpern verleiht, daß sie Stoff und nicht
Geist sind. Der andere Teil heißt die Form, er gibt durch
seine Gegenwart jedem Körper die ganze Summe seiner
Eigenschaften. Die wesentlichsten Eigenschaften der Elemente
bestehen in zwei Paaren von Gegensätzen: Warm und Kalt,
Feucht und Trocken. Da diese Gegensätze sich paarweise von
einem und demselben Körper ausschließen, sind nur vier Elemente möglich mit den Eigenschaften: Warm und Feucht
und Warm und Trocken, ebenso Kalt und Feucht und Kalt
und Trocken. Die kommen den vier verschiedenen Elementen
zu. Die Wesenswandlung besteht nun darin, daß die Ma-
terie unverändert erhalten bleibt, die Form aber durch eine
andere ersetzt werden kann, wenn eine dieser Eigenschaften
durch ihr Gegenteil ausgetrieben wird. So ist das Wasser
feucht und kalt. Wird es erhitzt und das Kalte durch Warm
ersetzt, so entsteht ein neues Element: Feucht und Warm,
und das ist die Luft. Wenn man Wasser erhitzt, wird es
tatsächlich in Luft (Wasserdampf) verwandelt. Ebenso wenn
man einen kalten Gegenstand in eine Kerzenflamme hält,
wird das Feuer in Erde (schwarzer Ruß) verwandelt. Aristoteles glaubte in diesen Erscheinungen eine Bestätigung seiner
Annahmen sehen zu dürfen.

Die christlichen Philosophen hatten mit der ganzen Philo-
sophie des Aristoteles auch diese Auffassung von der Körperwelt angenommen und waren ihr das ganze Mittelalter hindurch treu geblieben. Wenn es auch in allen Jahrhunderten
einzelne selbständige Geister gegeben hatte, die Unstimmigkeiten und Ungereimtheiten in dem ganzen System entdeckt
hatten, so hatten sie doch nicht durchdringen können, die
beschriebene Weltanschauung war die herrschende auf den
hohen Schulen und in fast allen maßgebenden Kreisen.

Das alte Weltbild und die Tatsachen.

Aber die Schwierigkeiten gegen diese Auffassungen mehr-
ten sich schnell, als man gegen Ende des Mittelalters begann,

die Ereignisse der Natur nicht mehr bloß oberflächlich und gelegentlich, sondern mit Absicht und Überlegung zu betrachten, als man selbst Naturvorgänge hervorrief (experimentierte), um sie zu beobachten, und als man die ungenauen Wahrnehmungen des Gesichts, Gefühls, Gehörs durch Anwendung der Waage, des Maßstabes, der Uhr, des Thermometers verschärfte, mit andern Worten, als man anfing, die Ereignisse nach Maß und Zahl zu bestimmen. Da wurde bald offenbar, daß die Vorgänge der Natur sich wirklich und ausnahmslos gesetzmäßig abspielen. Diese Gesetzmäßigkeiten aufzufinden, war von da an das eifrigste Bestreben, es gab jetzt Naturforscher und Naturforschung. Wenn man diese Art der Naturforschung früher auch nicht grundsätzlich abgelehnt hatte, so hatte man sie doch nicht geübt. Galilei (1564–1642) war der erste, der mit dem neuen Verfahren Ernst machte. Wir wollen es gleich an unserm Beispiel näher erklären.

Daß die Geschwindigkeit eines frei fallenden Steines immer schneller und schneller wird, konnte man mit dem bloßen Auge feststellen. Aber nun bestimmte man mit dem Maßstab den Weg, den er in 1, 2, 3... Zeitteilchen zurücklegte, und man fand, daß diese Wege sich verhielten wie $1 : 4 : 9 : 16 : ...$ oder wie $1^2 : 2^2 : 3^2 : 4^2 ...$ Und daraus konnte man errechnen, daß die Geschwindigkeit nicht bloß irgendwie, sondern in jeder Sekunde um den gleichen Betrag zunimmt. Wenn ein Stein an der Oberfläche unserer Erde ohne Hindernisse frei fällt, und auch der Luftwiderstand durch Auspumpen des Fallraums ausgeschaltet ist, erreicht der Stein am Ende der ersten Sekunde eine Geschwindigkeit von 980 cm/sek. Das heißt, wenn der Stein mit derselben Geschwindigkeit, die er am Ende der ersten Sekunde frei fallend erlangt hat, nun 1 Sekunde lang weiter fallen würde, so würde er in der folgenden Sekunde einen Weg von 980 cm = 9,8 m zurücklegen. *Während* der ersten Sekunde hatte er aber nicht immer diese Geschwindigkeit, im Anfang der ersten Sekunde war sie sogar Null und nahm dann gleichmäßig zu. Infolgedessen ist der Weg in der ersten Sekunde nur 980/2 = 490 cm. Beim ungehinderten Fallen erlangt er in der zweiten Sekunde den gleichen Zuwachs an Geschwindigkeit wie in der ersten, so daß seine Geschwindigkeit am Ende der zweiten Sekunde 2×980 cm/sek beträgt, und ebenso am Ende der 3., 4., 5. Sekunde ist die Geschwindigkeit 3×980, 4×980, 5×980 ... cm/sek. Also gleichviel, wie groß die vorhandene Geschwindigkeit schon ist, der Zuwachs in je einer Sekunde ist immer gleich.

Man machte dann die Versuche mit verschiedenen festen Körpern und fand, daß alle gleich schnell fallen, daß sie also auch alle denselben Geschwindigkeitszuwachs in der Sekunde erfahren. Und als man dieselben Versuche mit einem Wassertropfen machte — man brauchte ihn nur zugleich etwa mit einem Bleikügelchen im luftleeren Raum fallen zu lassen —, so konnte man sogleich sehen, daß er gerade so schnell fiel wie der feste Körper. Und wenn man etwa einen leichten Gummiballon mit Gas gefüllt im leeren Raum hätte fallen lassen können, so würde man gefunden haben, daß er auch die gleiche Beschleunigung erfährt wie die anderen Körper. Damit war nun ein sehr wichtiges Ergebnis gewonnen: die festen, flüssigen und luftförmigen Körper haben gar keine verschiedenen Bewegungsgesetze, sondern ein und dasselbe Gesetz beherrscht die Bewegungen aller Körper.

Nun wandte man das messende Verfahren auch an auf die „gewaltsame Bewegung", man bestimmte also die Wege des aufwärts geworfenen Steines, und es zeigte sich, daß bei ihm die Geschwindigkeit beständig und in der Sekunde um gleich viel, und zwar ebenfalls um den Betrag von 980 cm/sek abnimmt, und zwar ebenfalls bei allen aufwärts geworfenen Körpern um gleichviel.

Wenn wir eine kleine Stahlkugel aufwärts werfen, wird für die Bewegung nach oben dieselbe Zeit beansprucht wie für die Bewegung nach unten. Wenn das für alle Höhen gilt, so muß auch für jedes Teilstück aufwärts dieselbe Zeit erforderlich sein wie für dasselbe Teilstück des Falles abwärts. Mit unsern heutigen Mitteln können wir das noch deutlicher zeigen, indem wir von der bewegten Kugel in kurzen gleichen Zeitabständen nacheinander Lichtbilder herstellen. Wir können die kurzen gleichen Zeitabstände leicht verwirklichen, indem wir das Licht durch eine schnell gedrehte Scheibe mit Löchern in gleichen Zeitabständen oftmals unterbrechen. Dann sehen wir deutlich auf dem Bild die Strecken, die jedesmal in den gleichen Zeiten von einer Unterbrechung bis zur folgenden zurückgelegt wurden. Wenn diese Strecken jedesmal dieselbe Zeit vor dem Erreichen des höchsten Punktes und nachher die gleichen sind, und wenn das für beliebig kleine Strecken, also beliebig schnelle Unterbrechung des Lichtes gilt, so müssen die Geschwindigkeiten immer in den entsprechenden Zeiten die gleichen gewesen sein, und folglich sind auch die Änderungen der Geschwindigkeit vor und nach Erreichung des höchsten Punktes die gleichen. Abb. 1 zeigt eine solche Aufnahme. Eine blanke Stahlkugel wurde etwas schräg aufwärts geworfen. Die Bogenlampe, die zur Beleuchtung diente, entwarf ein helles Spiegelbildchen in der Kugelfläche, das dann in einem gewöhnlichen Photogerät auf dem Film die kurzen feinen Striche erzeugte. Die Lochscheibe wurde durch einen kleinen Motor gleichmäßig

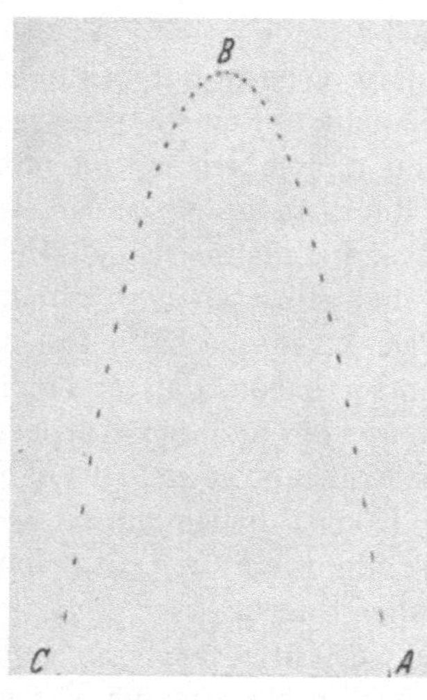

Abb. 1. Beim Steigen einer Kugel (AB) vermindert sich die Geschwindigkeit nach demselben Gesetz, nach dem sie beim Fallen (BC) zunimmt.

gedreht. Während die Löcher einander folgten, legte die Kugel jedesmal den Weg von einem Lichtpünktchen zum folgenden zurück. Das aufnehmende Gerät stand während des ganzen Vorgangs offen. Durch einen schwarzen Hintergrund wurde erreicht, daß der Film nur an den Stellen, wo das Lichtpünktchen hintraf, geschwärzt wurde. Man sieht an dem Bild, daß bei der Bewegung aufwärts (Strecke AB) die Geschwindigkeit ganz nach demselben Gesetz abnimmt wie sie beim Fallen (Strecke BC) wieder zunimmt. Wenn man es nicht von der Aufnahme her wüßte, könnte man aus dem Bilde gar nicht unterscheiden, welches der aufsteigende und welches der absteigende Ast der Wurflinie war.

Die neuen Bewegungsgesetze und ihre Bedeutung.

Mit diesen Tatsachen war vor allem bewiesen, daß zwischen der „natürlichen" und der „gewaltsamen" Bewegung keineswegs die große Kluft besteht, daß beide im Gegenteil innig miteinander verwandt sind, daß sie von demselben Naturgesetz nach Maß und Zahl beherrscht werden. Sodann hatte sich gezeigt, daß auch die verschiedenen Elemente keineswegs verschiedenen eigenen Bewegungsgesetzen unterliegen, daß es vielmehr ein einziges Bewegungsgesetz gibt, das für alle Bewegungen aller Körper in allen Richtungen, mit allen Geschwindigkeiten und Beschleunigungen gültig ist. Dieses Gesetz besagt, daß alle Körper bewegt werden durch Kräfte, die von anderen Körpern ausgehen. Sie erfahren durch diese Kräfte Beschleunigungen, die um so größer sind je größer die einwirkende Kraft, und um so kleiner, je größer die Masse des bewegten Körpers ist. Dieses Gesetz zeichnet sich der Aristotelischen Bewegungslehre gegenüber durch eine ungeheuer große Einfachheit aus und durch einen ungeheuer großen Umfang der Ereignisse, die von ihm geregelt werden. Man braucht nicht mehr zu unterscheiden die verschiedenen Richtungen zum Heimatort hin und von ihm weg. Man braucht nicht mehr zu fragen, ob der Körper zu den festen, flüssigen oder luftförmigen gehört, es gilt eben für alle Bewegungen aller Körper.

Wenn nun der wissenschaftliche Wert eines Gesetzes um so größer ist, je größer die Menge der Ereignisse, die von dem Gesetz geregelt werden, so haben wir hier einen Fortschritt von der größten Bedeutung zu verzeichnen. Es gibt jetzt nur noch ein Bewegungsgesetz für alle Körper — auf der Erde!

Die Himmelskörper blieben auch jetzt noch von dem allgemeinen Gesetz ausgenommen. Und wenn man bedenkt, daß unsere Erde doch nur ein winziges Körnchen ist im Vergleich zu den Tausenden von leuchtenden Sonnen, die am Nachthimmel glänzen, so war sogar nur wenig gewonnen. Denn weitaus die meisten Bewegungen unterlagen noch nicht demselben Gesetz. Zwar hatte der Glaube an die ätherisch feinen Himmelskörper aus „Essentia quinta" schon einen derben Stoß erhalten, als sich zeigte, daß die vier irdischen Elemente den Tatsachen nicht entsprachen. Und die Vermutung, daß die Sterne wohl aus ähnlichen Stoffen bestehen wie die irdischen Körper, gewann unter den Naturforschern immer mehr an Anhang, allein ein Beweis war doch noch lange nicht erbracht, nachdem für die irdischen Körper die allgemeingültigen Gesetze schon erwiesen waren.

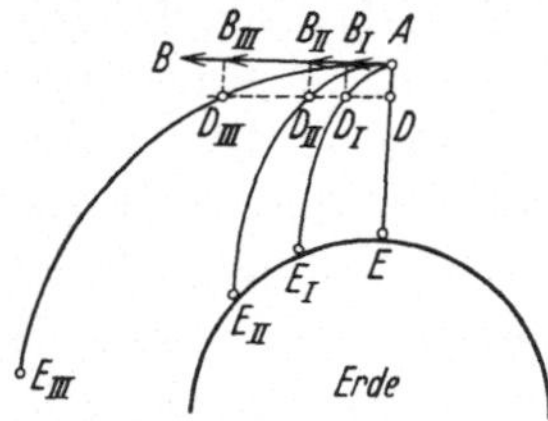

Abb. 2. Die Kreisbewegung des Mondes läßt sich als ein Fallen zur Erde auffassen.

Dem Engländer Newton war es vorbehalten, das Erreichte auch auf die Himmelskörper auszudehnen. Newton fragte sich, ob man nicht auch die Kreisbewegung des Mondes auffassen könne als ein Fallen zur Erde hin nach denselben Gesetzen, nach denen auch ein Stein hier auf der Erde zu Boden fällt. Vielleicht wird das dem Leser unmöglich scheinen, da ja sonst der Mond längst die Erde erreicht haben müsse. Gewiß, so geradlinig auf der Strecke AE (Abb. 2) fällt der Mond nicht zur Erde. Aber denken wir uns, der Mond hätte irgendwoher einmal einen Anstoß in der Richtung AB, senkrecht zu AE erhalten, dann würde er, wenn die Fallgesetze auch für ihn gültig wären, etwa über AE, zur Erde fliegen, und wenn der Anstoß größer wäre wie AB,,, würde er über AE,, gehen; wenn der Antrieb in Richtung AB etwa gleich AB,,, wäre, so könnte der Mond über die Linie AE,,, fallen. Man sieht, die Bewegung ist dann immer noch ein Fallen auf der krummen Bahn, aber die krumme Bahn wird zur Kreisbahn, der Mond fällt immer zur Erde, ohne sie je zu erreichen. Newton konnte das prüfen. Denn die ersten Stücke der Bahnen AD, AD,, AD,,, müssen alle so beschaffen sein, daß sie in 1 Sekunde den Mond so weit abwärts führen, wie er auch bei freiem Fall über AD sich der

Erde nähern würde, oder alle Strecken $B, D,, B,, D,,, B,,, D,,,$ müssen gleich der Strecke AD sein. Da man nun vom Mond wußte, daß er in 27,3 Tagen einmal um die Erde lief, und zwar in einem Abstand von 60 Erdhalbmessern, so konnte man daraus das Stück $B,,, D,,,$ berechnen, um welches er sich in der Sekunde von der ursprünglichen Richtung AB entfernt. Diese Strecke mußte nun gerade so groß sein, wie AD, der Weg eines aus A frei fallenden Körpers in der ersten Sekunde. Aus der Mondbahn fand man diese Strecke zu 1,35 mm. Und ein frei fallender Körper würde in der Entfernung A von der Erde eine 60^2 mal kleinere Beschleunigung erfahren als an der Erdoberfläche, also $9800 : 3600 = 2,7$ mm/sek, und daher wäre sein Fallweg in der ersten Sekunde (nach S. 8) halb so groß, das ist 1,35 mm. Damit war nun gezeigt, daß die Zahl 980 cm auch die Bewegung des Mondes beherrscht, wenn man nur hinzunimmt, daß er sich in 60 mal größerer Entfernung vom Erdmittelpunkt befindet als die Körper hier an der Erdoberfläche. In ähnlicher Weise konnte Newton nun auch zeigen, daß die Bewegungen der Erde und der übrigen Planeten um die Sonne ebenfalls in einem Fallen zur Sonne nach denselben Gesetzen bestehen, nach denen waagerecht hinausgeworfene Körper über den krummen Linien zur Erde fallen.

Das war wiederum ein Ergebnis von der allergrößten Bedeutung, denn nun erst waren die Bewegungsgesetze ganz allgemein ohne Ausnahme gültig für alle Körper und alle Bewegungen. Aber noch viel mehr! Jetzt erst hatte man Tatsachen in der Hand, aus denen man schließen mußte, daß das ganze Weltall ein einheitliches Ganzes bildete, das jedenfalls denselben Bewegungsgesetzen unterlag wie die Körper hier auf der Erde. Und daraus durfte man schließen, daß die Himmelskörper nicht aus ganz anderen Stoffen bestehen als die Dinge hier in unserer Hand. Wenn man deshalb hier auf der Erde Fortschritte machen würde in der Erkenntnis vom Aufbau der Körperwelt, so durfte man vertrauen, daß diese Erkenntnisse auch für die Sternenwelt Gültigkeit haben würden. Später sind die Beweise, daß die Sterne aus denselben Stoffen bestehen wie unsere Erde, noch viel zahlreicher und viel schärfer geworden, seit es uns gelungen ist, das Licht der Sterne zu zergliedern und in seine Bestandteile zu zerlegen. Denn durch das Licht, das sie aussenden, kennzeichnen sich die verschiedenen Stoffe in ähnlicher Weise wie die Menschen sich durch ihre Stimme zu erkennen geben für ihre Freunde. Aber die ersten Beweise dafür, daß alle Körper des Weltalls ein Ganzes bilden, das denselben Gesetzen unterliegt, bestanden doch in dem Nachweis, daß die Bewegungsgesetze ganz allgemeiner Natur sind. Somit war die Aufgabe, die Bausteine der Körperwelt zu finden, wenigstens in das Reich der Möglichkeit gerückt auch für die Himmelskörper, und zudem war sie ganz bedeutend vereinfacht, da man nicht mehr vier wesentlich verschiedene Körperarten, und noch dazu eine „Quintessenz" in ewig unerreichbarer Ferne auf den Himmelskörpern, sondern nur einfach *Körper* kannte. Man durfte hoffen, einmal eine Lösung der Frage zu finden.

3. Die Körperwelt ist aus Atomen aufgebaut.

Anbahnung neuer Anschauungen.

Bewegungen sind jedenfalls die erste und sinnfälligste Erscheinung, die der Mensch an der Körperwelt beachtete. Aber er war sich doch von Anfang an bewußt, daß diesen Bewegungsvorgängen und allen sinnfälligen Erscheinungen der Körperwelt überhaupt noch etwas anderes tiefer im Innern der Körper Verborgenes zugrunde liege, was man als Ausgang und Ursache aller Erscheinungen zu betrachten habe. Man nannte das die Natur oder auch die Wesenheit der Körper. Da uns diese innere Natur der Körper unzugänglich ist, sind wir darauf angewiesen, aus den sichtbaren Erscheinungen zunächst Mutmaßungen über die innere Natur aufzustellen. Aristoteles hatte angenommen, daß die vier Elemente wesensverschieden seien, aber doch ineinander verwandelt werden können, was also durch eine Wesensverwandlung geschehen müsse. Alsbald hatten geschäftlich veranlagte Geister daraus den Schluß gezogen, daß man dann ja auch

minderwertige Stoffe in Gold verwandeln könne. Und dieses
Bestreben, Gold zu machen, hat dann für mehr als tausend
Jahre Unzählige angespornt zu eifriger Arbeit, teils in gutem
Glauben an die Richtigkeit der aristotelischen Behauptungen
sicher in ehrlichem Bemühen, oft aber auch von vornherein
in betrügerischer Absicht. Als die Versuche immer wieder
fehl schlugen, kamen die besten Geister langsam zu der Überzeugung, daß die Stoffe sich nicht ineinander verwandeln lassen. Unter anderen war es der Irländer Robert Boyle, der
die Lehre von den vier Elementen bekämpfte und ihr gegenüber die schon im grauen Altertum von Demokrit (470
bis 362 v. Chr.) aufgestellte Annahme verteidigte, daß man
bei weiterer Teilung der Körper zuletzt auf unteilbare Teilchen stoße, die er Atome nannte. Aus diesen unveränderlichen
Atomen entstehen nach Demokrit durch Aneinanderlegen,
Sichverhaken und Verschlingen die großen Körper. Boyle
erkannte schon, daß die Atomtheorie nur durch Tatsachen-
beweise gefördert werden könne, aber es gelang ihm doch
nicht, solche Beweise zu erbringen. Das gelang erst, als man
auch in der Chemie mit der Beobachtung nach Maß und Zahl
Ernst machte, was hier darauf hinauskam, daß man mit der
Waage in der Hand die Körpermengen bei den chemischen
Umsätzen verfolgte.

Lavoisier zeigte zuerst 1777, daß eine bestimmte Menge
Sauerstoff sich mit Quecksilber verband zu einem gelben Pul-
ver, das wir heute Quecksilberoxyd nennen. Nachher konnte
man durch stärkere Erhitzung das Oxyd wieder zum Zerfall
bringen, und dabei wurden sowohl Sauerstoff wie Quecksilber
in genau derselben Menge zurückerhalten, die bei dem ersten
Vorgang verbraucht waren. Er schloß aus diesem Befund alsbald, daß überhaupt bei den chemischen Vorgängen die Ausgangsstoffe nicht, wie man bisher mit den Anhängern der
Aristotelischen Schulen geglaubt hatte, durch Wesenswandlung verschwinden, sondern nur durch gesetzmäßige Zusammenlagerung den neuen Stoff bilden.

Als man dann allgemeiner die Gewichte der an chemischen
Umsätzen beteiligten Stoffe feststellte, fand Proust 1799 als
erstes Gesetz, daß, wenn zwei Stoffe sich zu einem chemisch

neuen Stoff verbinden, sie immer in einem bestimmten festen Gewichtsverhältnis gebraucht werden. Z. B. Wasser besteht aus Wasserstoff und Sauerstoff, es kommen aber immer auf 1 Gewichtsteil Wasserstoff 8 Gewichtsteile Sauerstoff. Und ebenso, wenn man Wasser zersetzt in Wasserstoff und Sauerstoff, so erhält man beide immer in diesem Gewichtsverhältnis zurück.

In diesen Tatsachen erkannte der Engländer D a l t o n im Jahre 1803 Äußerungen eines bestimmten Aufbaus der Körperwelt, wie ihn schon lange vor ihm D e m o k r i t angenommen hatte. Aber D a l t o n begnügte sich nicht mit dem Bekenntnis zur Lehre D e m o k r i t s, sondern er ging nun sogleich daran, Folgerungen aus dieser Annahme zu ziehen und sie an der Erfahrung zu prüfen. Mit dieser Prüfung an der Erfahrung begann nun alsbald ein ganz neuer Zeitabschnitt für die chemische Forschung. Zuerst waren es einzelne Männer, die grundlegende Arbeiten leisteten, unter allen hervorragend der Schwede B e r z e l i u s, später bildeten sich ganze Schulen, es entstanden chemische Arbeitsstätten, aus denen sich gegen Ende des letzten Jahrhunderts die großen chemischen Fabriken entwickelten, die ihren Arbeitern Brot, der Wissenschaft neue Erkenntnisse und der ganzen Menschheit kostbare neue Stoffe (Farbstoffe, Heilmittel und vieles andere) verschafften.

Die Welt aus Atomen.

Uns gehen hier nur die Erfolge in der Erkenntnis der Körperwelt an. D a l t o n s Gedanken waren folgende. Die meisten Körper, die wir in der Welt antreffen, sind zusammengesetzter Natur. Wenn wir sie zerlegen, kommen wir zuletzt immer auf Bestandteile, die sich durch keine Mittel der Chemie weiter zerteilen lassen. Diese letzten Stoffe nennen wir Elemente. Die Elemente selbst bestehen aus kleinsten Teilchen, die also nicht weiter teilbar sind. Und die Bildung der zusammengesetzten Stoffe erfolgt so, daß im einfachsten Fall ein Atom des einen Stoffes sich mit einem Atom des anderen vereinigt zu einem kleinsten Teilchen des neuen Stoffes. Es kann aber auch vorkommen, daß mehrere Atome des einen Stoffes sich mit einem oder mehreren Atomen des anderen vereinigen. Und endlich kann es auch sein, daß ein Stoff nicht nur aus zweien, sondern aus mehreren, aus 3, 4, 5 ... verschiedenartigen Atomen zusammengesetzt ist.

Die Atome einer Art sind nach Daltons Ansicht untereinander alle gleich und haben auch alle das gleiche Gewicht. Z. B. Kochsalz besteht aus einem Chlor- und einem Natriumatom. Da alle Chlor- und alle Natriumatome einander gleich sind, so sind auch in den kleinsten Kochsalzteilchen die Mengen Chlor und Natrium im gleichen Verhältnis vorhanden. Und in 1000 Kochsalzteilchen ist genau 1000 mal soviel Natrium und Chlor wie in einem einzigen. Wenn man deshalb eine beliebige Menge Kochsalz zerlegt in Chlor und Natrium und die beiden Bestandteile wägt und findet, daß in der ganzen Menge sich das Gewicht des Natriums zu dem des Chlors verhält wie 23 : 35,5, so muß auch in dem einzelnen kleinsten Kochsalzteilchen sich Natrium und Chlor vorfinden in dem Verhältnis 23 : 35,5. Und wenn man irgendwoher wüßte, daß im Kochsalz nur 1 Atom Na und 1 Atom Cl vorhanden ist, dann wäre das Gewichtsverhältnis des Natriumatoms zu dem des Chloratoms ebenfalls gleich 23 : 35,5.

Dalton zog nun aus seiner Hypothese alsbald einen weiteren Schluß. Man hatte einige Stoffpaare kennengelernt, die sich in mehreren Gewichtsverhältnissen miteinander verbanden und dadurch mehrere zusammengesetzte Stoffe lieferten aus denselben Bestandteilen. So kannte man zwei Gase, die nur aus Kohlenstoff und Sauerstoff bestanden; das eine nennen wir heute Kohlenoxydgas, das andere Kohlensäure. Dalton erkannte, daß seine Annahme von dieser Erscheinung leicht Rechenschaft geben konnte. Wenn etwa das eine Mal sich 1 Kohlenatom mit einem Sauerstoffatom zu einem kleinsten Teilchen des neuen Gases verband, bei dem anderen Stoff aber 2 Sauerstoffatome mit einem Kohlenstoffatom, so mußten zwei verschiedene neue Stoffe herauskommen. Und wenn dann die Analyse ergab, daß im ersten Fall neben 1 g Kohle sich 1,333 g Sauerstoff vorfinden, so mußte im anderen Fall neben 1 g Kohle sich 2,666 g Sauerstoff vorfinden. Wenn also der erste Stoff Sauerstoff und Kohle enthielt im Verhältnis 1,333 : 1 = 1,333, der zweite im Verhältnis 2,666 : 1

= 2,666, so war das Verhältnis der beiden Endzahlen 2,666 : 1,333 = 2,000, eine einfache ganze Zahl. Und Dalton verkündete 1806 seine Überlegung als neues chemisches Grundgesetz, das Gesetz von den einfachen ganzzahligen Gewichtsverhältnissen bei Stoffen aus denselben Grundelementen. Auch dieses Gesetz prüfte Dalton an der Erfahrung. Obwohl er anfangs nur wenige derartige Verbindungen kannte, bei denen er sein Gesetz bestätigt finden konnte, so war er doch überzeugt, daß es sich ausnahmslos bestätigen werde, und die zahlreichen späteren Nachprüfungen haben ihm recht gegeben. Das Gesetz von den einfachen ganzzahligen Gewichtsverhältnissen gilt ausnahmslos und mit der größten Genauigkeit, die bei sorgfältigster Arbeit an der Waage nur zu erreichen ist.

Die Elemente.

Lassen wir jetzt den geschichtlichen Verlauf und wenden uns dem Inhalt der Daltonschen Lehre selber zu. Durch Dalton wurden die Atome als die letzten Bausteine der Körperwelt bezeichnet. Es war seine Meinung, daß alle Körper der Welt aus diesen Atomen aufgebaut seien. Diese Annahme enthält zwei Gedanken, die ganz unabhängig voneinander sind und deshalb kurz einzeln besprochen werden müssen.

Der erste Gedanke besagt, daß wir die große Zahl der reinen Körper zurückführen können auf eine verhältnismäßig kleine Zahl von Grundstoffen oder Elementen, die selber nicht mehr in andere Stoffe zerlegt werden können. Der zweite besagt, daß diese Elemente atomistisch gebaut sind. D. h. sie bestehen aus kleinsten Teilchen ihrer Art, und größere Mengen bestehen immer in einer ganzen Anzahl dieser Teilchen.

Mit dem chemischen Umsatz ist es ähnlich wie mit unserm Geldverkehr, der als kleinste Münze den Pfennig hat. Wenn man zu bezahlen hat, kann man mit einem oder mehreren oder auch beliebig vielen Pfennigen zahlen, aber man kann nicht $\frac{1}{2}$ und auch nicht etwa $100\frac{1}{2}$ Pfennig bezahlen. So ist das Atom die kleinste Stoffmenge, die sich im Weltgetriebe bewegt.

18

Durch den ersten Satz wird die Zahl der Weltbausteine der Art nach sehr beschränkt. Zur Zeit D a l t o n s oder bald nachher waren es etwa 5o verschiedene Elemente, die man als solche nachgewiesen hatte. Heute kennen wir ihrer 9o und wissen sogar, daß es im ganzen 92 Elemente gibt und nicht mehr. Als man nämlich daran ging, die verschiedensten Stoffe in ihre Bestandteile zu zerlegen, erhielt man aus sehr verschiedenen Stoffen zuletzt immer Bestandteile derselben Art. Z. B. findet man Kohle manchmal ziemlich rein in der Natur in den Kohlenbergwerken. Man findet sie aber auch in anderer Form im Graphit und wieder in ganz anderer Form in dem Edelstein Diamant, der sogar aus reiner Kohle besteht. Als man aber der harmlosen Kohlensäure, die wir aus manchen erfrischenden Getränken aufperlen sehen, ihren Sauerstoff entzog, blieb auch hier dieselbe Kohle übrig. Und wenn man Zucker, und weiter, wenn man Blut erhitzt, so bleibt als Rest immer ziemlich reine Kohle zurück. Schließlich kann der Chemiker sogar aus Kalksteinen und Marmor und aus sämtlichen Teilen des pflanzlichen wie des tierischen Körpers Kohle gewinnen. Wenn man weiter die übrigen Bestandteile etwa der Pflanzenwelt untersucht, so kommt man in den weitaus meisten Fällen nur zu den drei Endprodukten Kohlenstoff, Sauerstoff und Wasserstoff, aus denen also die ganze Pflanzenwelt mit geringer Ausnahme aufgebaut ist. Nimmt man dazu noch den Stickstoff, so erweist sich die Gesamtheit der tierischen Körper ganz vorzugsweise aus diesen vier Elementen zusammengesetzt. Bei den Stoffen der leblosen Welt war die Zahl der Endstoffe, die man nicht mehr weiter zerlegen konnte, allerdings etwas größer. Aber auch hier sind einige Stoffe so selten, daß es großer Mühe und Sorgfalt bedurfte, um sie überhaupt aufzufinden. Da nun die Gesamtheit der reinen Körper, die bis jetzt erkannt sind, zu fast 1 Million angegeben wird, so ist es erstaunlich, daß diese große Mannigfaltigkeit sich aus den verhältnismäßig wenigen Elementen herstellen läßt, wobei noch zu beachten ist, daß eine sehr große Zahl der Elemente sich nur in wenigen zusammengesetzten Körpern vorfindet.

Schon von Anfang an setzte man voraus, daß die Zusammenlagerung der Atome zu den kleinsten Teilchen der zusammengesetzten Körper im allgemeinen aus einer kleinen Anzahl von Atomen erfolgte. Man hat diese Annahme als die nächstliegende zuerst ganz stillschweigend gemacht, im weiteren Verlauf der Forschung wurde sie immer mehr geklärt. Dalton gab auch schon bildliche Andeutungen über die verschiedene Art der Zusammenlagerung der Atome zu Molekeln. In Abb. 3 sind danach einige Grundformen von chemischen Molekeln bildlich dargestellt.

So leitet sich also die Schönheit und Mannigfaltigkeit der ganzen weiten Welt her von diesen 92 Grundstoffen, ähnlich wie aus den 24 Buchstaben des Alphabets alles gebildet ist, was immer in irgendeiner Sprache je geschrieben oder gedruckt wurde, angefangen von der Ilias und dem Nibelungenlied bis zur heutigen Morgenzeitung.

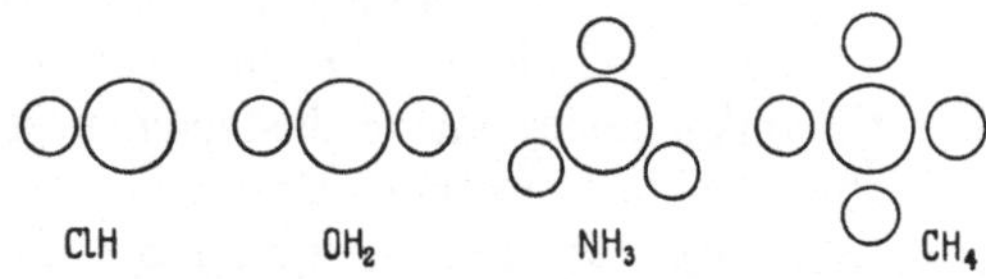

Abb. 3. Einige Beispiele der Zusammenlagerung der Atome zu Molekeln der zusammengesetzten Stoffe nach Dalton.

Zweitens sagt die Atomtheorie, daß diese Elemente aus kleinsten Stoffmengen (Atomen) bestehen, die bei keinem chemischen Vorgang mehr weiter geteilt werden. Wenn daher aus den Elementen zusammengesetzte Stoffe gebildet werden, so geschieht das immer in der Weise, daß zwei oder auch mehrere Atome sich miteinander vereinigen und dadurch die Molekeln des neuen Stoffes bilden. Alle Teilchen eines Elements sind gleich schwer, während die Teilchen verschiedener Elemente verschiedenes Gewicht haben. Daher können wir die verschiedenen Elemente sehr klar und sicher kennzeichnen durch das Gewicht ihrer kleinsten Teilchen, das wir ihr Atomgewicht nennen. Der Grund für diese Annahme besteht jetzt für uns vor allem darin, daß wir bei beliebig wiederholten Zerlegungen desselben Stoffes immer das gleiche Gewichtsverhältnis der Bestandteile finden, gleichviel, ob wir eine große oder eine kleinere Stoffmenge zerlegen. Zwar mit der Waage können wir nur die Gewichtsverhältnisse an einer wägbar großen Menge des zerteilten Stoffes finden. Z. B. beim Zerlegen von 36,5 Gramm Salzsäure finden wir immer 1 Gramm Wasserstoff und 35,5 Gramm Chlorgas. Damit ist dann aber sogleich gegeben, daß auch im kleinsten Salzsäureteilchen, der Salzsäuremolekel, neben 1 Gewichtsteil Wasserstoff sich 35,5 Gewichtsteile Chlor vorfinden.

Es kommt nun darauf an zu ermitteln, wie viele Wasserstoff- und wie viele Chloratome in der Salzsäuremolekel vorhanden sind. Wäre von jeder Art nur je eines da, so müßte eben dieses eine Wasserstoffatom sich zu dem einen Chloratom verhalten wie 1 : 35,5, oder das Atomgewicht des Chlors wäre 35,5. Wären aber etwa 3 Chloratome neben 1 Wasserstoffteilchen vorhanden, so würden sich eben diese 3 Chloratome zu einem Wasserstoffteilchen verhalten wie 35,5 : 1, und folglich würde 1 Chloratom nur $35,5 : 3 = 11,8$ mal so schwer sein als ein Wasserstoffteilchen, das würde heißen, das Atomgewicht des Chlors ist 11,8. Wären aber statt eines etwa 2 Wasserstoffteilchen in der Salzsäuremolekel neben 1 Chloratom, so würde also 1 Chloratom 35,5 mal so schwer sein als 2 Wasserstoffatome, und daher wäre es $2 \cdot 35,5 = 71$ mal so schwer als 1 Wasserstoffatom, sein Atomgewicht wäre 71.

Diese Ermittlung der Anzahl der Atome in den zusammengesetzten Stoffen erfolgt grundsätzlich in der Weise, daß man durch Untersuchung einer größeren Zahl von verschiedenen Verbindungen desselben Stoffes zu erkennen sucht, in welcher Verbindung nur 1 Atom vorhanden ist. Das hat der Forschung jahrzehntelang große Schwierigkeit bereitet und war lange nur mit einer gewissen Wahrscheinlichkeit möglich, aber als der bekannten Verbindungen immer mehr wurden, ist daraus eine praktische Sicherheit geworden. Nach Entdeckung des gleich im folgenden Abschnitt zu besprechenden periodischen Systems ist darüber vollends kein Zweifel mehr möglich. Wir kennen daher jetzt die Gewichtsverhältnisse aller Atome zueinander. Etwas anderes als diese Gewichtsverhältnisse finden wir allerdings durch die chemische Zerlegung der Stoffe nicht. Und wenn wir auch das Wasser-

Die Atomgewichte der Elemente.

Die Erklärung der Spalte Isotope siehe Abschnitt 8. Sie sind nach der Häufigkeit des Vorkommens geordnet.

Nr.	Name	Zeichen	Atom-gewicht	Isotope
1	Wasserstoff	H	1,008	1. 2
2	Helium	He	4,00	
3	Lithium	Li	6,94	7. 6
4	Beryllium	Be	9,02	9. 8
5	Bor	B	10,82	11. 10
6	Kohlenstoff	C	12,00	12. 13
7	Stickstoff	N	14,008	14. 15
8	Sauerstoff	O	16,000	16. 18. 17
9	Fluor	F	19,00	
10	Neon	Ne	20,2	20. 22. 21
11	Natrium	Na	23,00	
12	Magnesium	Mg	24,32	24. 25. 26
13	Aluminium	Al	26,97	
14	Silizium	Si	28,06	28. 29. 30
15	Phosphor	P	31,04	
16	Schwefel	S	32,07	32. 34. 33
17	Chlor	Cl	35,457	35. 37. 39
18	Argon	Ar	39,94	40. 36
19	Kalium	K	39,10	39. 41
20	Kalzium	Ca	40,07	40. 44
21	Skandium	Sc	45,10	
22	Titan	Ti	47,90	48. 50
23	Vanadium	V	51,0	
24	Chrom	Cr	52,01	52. 53. 50. 54
25	Mangan	Mn	54,93	
26	Eisen	Fe	55,84	56. 54
27	Kobalt	Co	58,97	
28	Nickel	Ni	58,68	58. 60
29	Kupfer	Cu	63,57	63. 65
30	Zink	Zn	65,38	64. 66. 68. 67. 65. 69. 70
31	Gallium	Ga	69,72	69. 71
32	Germanium	Ge	72,60	74. 72. 70. 73. 76. 75. 71. 77
33	Arsen	As	74,93	
34	Selen	Se	79,2	80. 78. 76. 82. 77. 74
35	Brom	Br	79,92	79. 81
36	Krypton	Kr	83,7	84. 86. 82. 83. 80. 78
37	Rubidium	Rb	85,45	85. 87
38	Strontium	Sr	87,6	88. 86. 87
39	Yttrium	Y	88,9	
40	Zirkonium	Zr	91,2	90. 94. 92. 96
41	Niobium	Nb	93,5	
42	Molybdän	Mo	96,0	98. 96. 95. 92. 94. 100. 97
43	Masurium	Ma	—	
44	Ruthenium	Ru	101,7	102. 101. 104. 100. 99. 96. 98
45	Rhodium	Rh	102,9	
46	Palladium	Pd	106,7	

Nr.	Name	Zeichen	Atomgewicht	Isotope
47	Silber	Ag	107,88	107. 109
48	Kadmium	Cd	112,4	114. 112. 110. 113. 111. 116
49	Indium	In	114,8	115. 113
50	Zinn	Sn	118,7	120. 118. 116. 119. 117. 124. 122. 121. 112. 114. 115
51	Antimon	Sb	121,76	121. 123
52	Tellur	Te	127,5	130. 128. 126. 125
53	Jod	J	126,92	
54	Xenon	X	131,3	129. 132. 131. 134. 136. 130. 128. 126. 124
55	Zäsium	Cs	132,8	
56	Barium	Ba	137,4	138. 137. 136. 135
57	Lanthan	La	138,9	
58	Zerium	Ce	140,2	140. 142
59	Praseodym	Pr	140,9	
60	Neodym	Nd	144,3	146. 144. 142. 145
61	Illinium	Ill	—	
62	Samarium	Sm	150,4	
63	Europium	Eu	152,0	
64	Gadolinium	Gd	157,3	
65	Terbium	Tb	159,2	
66	Dysprosium	Dy	162,5	
67	Holmium	Ho	163,5	
68	Erbium	Er	167,7	
69	Thulium	Tu	169,4	
70	Ytterbium	Yb	173,5	
71	Cassiopeium	Cp	175,0	
72	Hafnium	Hf	178,6	
73	Tantal	Ta	181,36	
74	Wolfram	W	184,0	184. 186. 182. 183
75	Rhenium	Re	186,31	187. 185
76	Osmium	Os	190,9	192. 190. 189. 188. 186. 187
77	Iridium	Ir	193,1	
78	Platin	Pt	195,2	
79	Gold	Au	197,2	
80	Quecksilber	Hg	200,6	202. 200. 199. 201. 198. 204. 196
81	Thallium	Tl	204,4	
82	Blei	Pb	207,2	208. 206. 207. 209. (214. 212. 211. 210)[1]
83	Wismut	Bi	209,0	209. (215. 214. 212. 211. 210)
84	Polonium	Po	—	(218. 216. 215. 214. 212. 211. 210)
85	—	—	—	
86	Emanation	Em	222	(222. 220. 219)
87	—	—	—	
88	Radium	Ra	226,0	(228. 226. 224. 223)
89	Aktinium	Ac	—	(228. 227)
90	Thorium	Th	232,1	(234. 232. 231. 230. 228. 227)
91	Protaktinium	Pa	—	(234. 231)
92	Uran	U	238,2	(238. 236. 234)

[1] Die eingeklammerten Isotope sind nur aus den Radiumzerfallsgesetzen bekannt.

stoffatom als das leichteste zur Einheit genommen haben und dann einfach sagen, z. B. das Atomgewicht des Sauerstoffs ist 16, so heißt das doch nichts anderes, als daß ein Sauerstoffatom 16 mal so schwer ist *als ein Wasserstoffatom*. Die Tabelle I enthält, nach dem Atomgewicht geordnet, die Namen und Gewichte aller Elemente nach den neuesten Messungen. In der dritten Spalte sind noch die Buchstaben angegeben, mit denen man in der Chemie die Atome kurz bezeichnet.

<h3 style="text-align:center">Die zusammengesetzten Stoffe.</h3>

Die Körperwelt tritt uns in drei verschiedenen Erscheinungsformen entgegen, im Zustand des Festen, des Flüssigen und des Gasförmigen. Der Unterschied für unsere Sinneswahrnehmung ist so groß, daß man es wohl verstehen kann, wenn dabei anfangs an ganz wesentlich verschiedene Dinge gedacht wurde. Die Erkenntnis, daß diese drei Erscheinungsformen grundsätzlich allen Stoffen überhaupt, je nach den äußeren Verhältnissen von Druck und Temperatur, zukommen, ist doch erst wenige Jahrzehnte alt, seit es durch Lindes Entdeckung gelang, Luft und Wasserstoff und Helium zu verflüssigen. In den festen Körpern ist die Lage der einzelnen Teilchen zueinander unveränderlich. Das gibt ihnen ihre bestimmte Gestalt. Auch in den flüssigen Körpern sind die Teilchen noch ähnlich nahe beieinander, denn beim Schmelzen wird der Raum nicht sehr verändert. Aber die flüssigen Teilchen können sich doch leicht aneinander vorbei bewegen. In den Gasen sind die Teilchen nicht aneinander gebunden und auch viel weniger nahe beieinander. Verdampfendes Wasser dehnt sich stark aus, das Gewicht gleich großer Gefäße mit gasförmigen Massen ist wesentlich geringer als das der festen und flüssigen. Die Gase haben sogar das Bestreben, sich immer weiter auszudehnen, und üben auf die Wände eines einschließenden Gefäßes einen Druck aus, der bei hoher Temperatur bis zur Zertrümmerung eiserner Behälter steigen kann. Dieser Druck kommt dadurch zustande, daß die Teilchen eines Gases in einer beständigen Bewegung

24

begriffen sind, durch die sie untereinander und mit den Wänden immerfort zusammenstoßen.

Aber auch in den Gasen sind es meist nicht die einzelnen Atome, die diese Bewegungen ausführen. Das ist nur bei den Edelgasen und bei noch einigen Metalldämpfen der Fall. Im allgemeinen sind sogar die Atome der reinen Elemente zuerst zu zweien miteinander verbunden, und diese Doppelatome, die wir auch hier Molekeln nennen, sind es, die in den Gasen die Bewegungen und die Stöße auf die Wände ausführen. Darum schreiben wir die Gase als H_2, O_2, N_2, um anzudeuten, daß die kleinsten Teilchen in den Gasen aus Doppelatomen bestehen.

Die Verbindung der Atome zu Molekeln hat man sich nicht so vorzustellen, daß die Atome in den neuen zusammengesetzten Stoffen einfach verschwinden, daß sie durch eine tiefinnerliche Wesenswandlung vollständig in ihnen aufgehen. Die Atome lagern sich nur zusammen und können durch Kräfte wieder voneinander getrennt werden. Der Gründe für dieses Verbleiben werden jetzt täglich mehr. Anfangs hatte man nur die Tatsache, daß bei der Auflösung des Molekelverbandes die Ausgangsstoffe nach Art und Menge unverändert wieder zum Vorschein kommen. Jetzt aber wissen wir auch mancherlei über die Art und Weise, wie die Atome in den Molekeln zusammengelagert sind. So wissen wir, daß im Benzol mit der Formel C_6H_6 die Kohlenstoffatome ein geschlossenes Sechseck bilden, in dessen Ecken die H-Atome angelagert sind. Und wenn zwei der H-Atome etwa durch Jod ersetzt werden, so können diese beiden Jodatome an zwei nebeneinanderliegenden C-Atomen angelagert sein, etwa 1,2 oder an zwei schräg gegenüberliegenden 1,3 oder an zwei gegenüberliegenden 1,4. Eine andere Art ist nicht möglich, da man etwa die Lage 1,6 durch bloßes Umwenden einer Molekel aus der Lage 1,2 erhalten würde. Tatsächlich kennen wir drei verschiedene der-

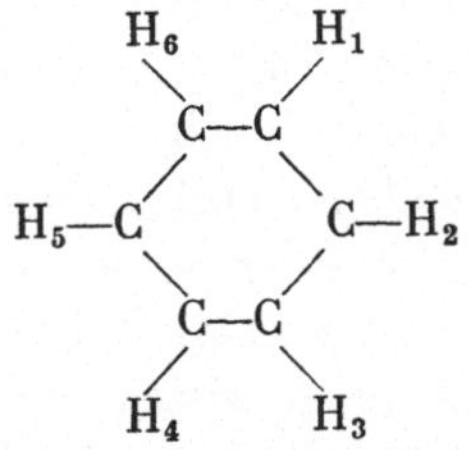

Abb. 4. Die sechs Kohlenstoffatome sind im Benzol zu einem Sechseck zusammengeschlossen (Benzolring).

artige Stoffe $C_6H_4J_2$, der eine schmilzt bei 27^0, der andere bei 40^0, der dritte bei 129^0 Celsius.

Ähnlich wissen wir, daß in den Paraffinen z. B. C_3H_8 die 3 Kohlenstoffatome in einer Reihe liegen, von den 8 H-Atomen umgeben nach diesem Muster (Abb. 5)

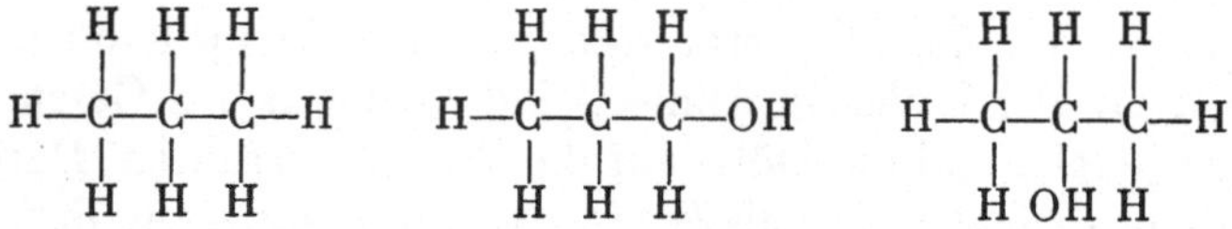

$$
\begin{array}{ccc}
\text{H\quad H\quad H} & \text{H\quad H\quad H} & \text{H\quad H\quad H} \\
| \quad | \quad | & | \quad | \quad | & | \quad | \quad | \\
\text{H—C—C—C—H} & \text{H—C—C—C—OH} & \text{H—C—C—C—H} \\
| \quad | \quad | & | \quad | \quad | & | \quad | \quad | \\
\text{H\quad H\quad H} & \text{H\quad H\quad H} & \text{H\quad OH\quad H}
\end{array}
$$

Abb. 5. In den Paraffinen ist die Kohlenstoffkette eine offene. Von C_3H_8 können zwei Alkohole C_3H_7OH abgeleitet werden.

Aus diesem Paraffin kann Alkohol gebildet werden, indem ein H-Atom ersetzt wird durch die Atomgruppe OH, also Sauerstoff und Wasserstoff. Es ist aber ein kleiner Unterschied, ob diese Gruppe OH sich an das endständige C-Teilchen anlagert, also eines von seinen drei H-Atomen verdrängt oder an das mittlere C-Atom, wo es eines der zwei zugehörigen H-Atome ersetzen muß. Tatsächlich kennen wir zwei solcher Alkohole, der erste hat einen festen Siedepunkt bei 97^0, der andere bei 81^0. Von einer bestimmten Anordnung der Atome kann aber nur dann die Rede sein, wenn die Atome wirklich noch vorhanden sind. — Bei Besprechung der Radioaktivität und der Röntgenstrahlung werden wir ferner erfahren, wie gewisse kennzeichnende Eigenschaften der Atome auch in den Verbindungen als unverändert fortbestehend nachgewiesen werden können.

Endlich wissen wir, daß die Atome in den Molekeln sogar eine gewisse Selbständigkeit bewahren. In Molekeln aus zwei Atomen wissen wir z. B., daß nicht bloß die Atome umeinander kreisen wie eine drehend fortgeschleuderte Hantel, sondern daß sie auch in schnellen Schwingungen sich einander nähern und voneinander entfernen. Bei solchen Vorgängen senden sie nämlich Lichtstrahlen von bestimmter Wellenlänge aus, die wir mit großer Genauigkeit in manchen Fällen auf diese Ursachen zurückführen können.

Die Ausmaße der einzelnen Atome.

Mit diesen Kenntnissen über die Atome sind wir schon ganz außerordentlich tief eingedrungen in den Bau der Körperwelt, so weit, daß wir diese letzten Bausteine, die Atome, einzeln schon gar nicht mehr sehen können. Auch unsere stärksten Mikroskope und unsere feinsten Waagen zeigen uns immer nur Atomhaufen, die aus Milliarden von Atomen bestehen. Es bleibt daher das Verlangen, die Größe der Atome, wir meinen damit zunächst ihr Gewicht, zu erfahren. Gleichbedeutend mit der Ermittlung des Gewichtes wäre auch die Ermittlung der Zahl der Atome in einem Gramm. Denn wenn N Atome 1 Gramm schwer wären, so wäre 1 Atom $1/N$ Gramm schwer. Also wäre das Gewicht eines Atoms $A = 1/N$. Ferner würde es genügen, wenn wir das Gewicht des Wasserstoffatomes z. B. fänden, denn die anderen wären soviel mal schwerer, als ihr Atomgewicht besagt, das wir ja schon kennen. Endlich ist klar, daß, wenn z. B. das Atomgewicht des Sauerstoffs 16 ist, so enthalten 16 Gramm Sauerstoff gerade so viel Atome wie 1 Gramm Wasserstoff. Wenn wir daher die Zahl der Atome in 1 Gramm Wasserstoff erfahren könnten, so hätten wir damit sogleich auch die Atomzahlen von soviel Gramm aller übrigen Stoffe als ihr Atomgewicht beträgt. Man hat sich deshalb den Begriff des Grammatoms gebildet, das bedeutet so viel Gramm eines Stoffes als sein Atomgewicht groß ist. Die Grammatome aller Stoffe haben gleich viel Atome und gleich viel wie 1 Gramm Wasserstoff. Ebenso besagt eine Grammolekel so viel Gramm eines zusammengesetzten Stoffes, als das Molekulargewicht beträgt. Da wir die Molekeln ebenfalls mit dem H-Atom vergleichen, wenn wir vom Molekulargewicht sprechen, so enthalten auch die Grammolekeln ebenso viele Molekeln wie 1 Gramm Wasserstoff Atome. Wenn wir daher nur wüßten, wie viele das sind!

Jedenfalls muß diese Zahl sehr groß sein, oder mit andern Worten, das Einzelatom muß sehr klein sein. Die ersten Versuche, einen Aufschluß darüber zu bekommen, bestanden darin, daß man den Stoff möglichst weit zu zerkleinern suchte. Aber mit dem bloßen Zerkleinern war es nicht getan, man mußte dabei immer noch wissen, wie groß denn das hergestellte Teilchen noch war. Größen unter 0,001 mm konnte man auch mit dem Mikroskop nicht mehr eigentlich messen. Zu einer Schätzung des höchsten Ausmaßes der Atome kam man auf folgende Weise. Man kann kein Blatt herstellen irgendeines Stoffes, dessen Dicke geringer wäre als sein Atomdurchmesser. Denn bei dem Versuch, das Blatt noch dünner zu machen, würde es auseinanderfallen. Wenn man daher ein möglichst dünnes Blatt herstellt, das aber immer noch lückenlos zusammenhängt, so weiß man, daß der Durchmesser der Atome immer noch kleiner ist als diese Blattdicke. Zu sehr dünnen Blättchen kann man Gold auswalzen, das man zum Vergolden von Holz oder Metall verwendet. F a r a d a y versuchte das schon vor hundert Jahren. Wenn man etwa eine Goldmünze nimmt, so kennt man ihren Rauminhalt durch Messen des Durchmessers und der Dicke. Denn Grundfläche mal Höhe gibt das Volum $V = FH$. Wenn man nun diese Münze (oder auch einen bekannten Teil davon, etwa ein Zehntel) zu einem Blatt auswalzt von der Fläche F, so ist wieder Grundfläche mal Höhe gleich dem Rauminhalt. Da nun die große Fläche F leicht gemessen werden kann und der Inhalt V schon bekannt ist, findet man die Höhe $H = V/F$, auch wenn sie zu gering ist, als daß sie unmittelbar gemessen werden könnte. F a r a d a y fand die Dicke seiner feinsten Blätter zu $1/_{100\,000}$ mm $= 10^{-5}$ mm[1]. Der Durchmesser des Goldatoms muß also sicher kleiner sein als $1/_{100\,000}$ mm.

---

[1] Für Leser, denen diese Schreibweise unbekannt ist, sei folgendes zur Erklärung bemerkt. Bei sehr großen Zahlen, die meistens mit vielen Nullen endigen, oder auch bei sehr kleinen Werten, wo etwa 1 durch eine sehr große Zahl geteilt werden soll, werden wir die gebräuchliche viel kürzere und klarere Schreibweise anwenden, daß wir nicht alle Nullen, wie z. B. gleich im folgenden alle 23 Nullen ausschreiben und es dann dem Leser überlassen, sie zu zählen, sondern wir werden schreiben 10^{23}, indem wir durch die hoch gestellte kleine Zahl 23 anzeigen, daß die Zahl der Nullen, die an die 1 angehängt werden soll, 23 beträgt. So wäre also $10^6 = 1\,000\,000 = 1$ Million. Und $10^6 \cdot 10^3 = 10^9$, wie man sich durch Hinschreiben der Nullen überzeugen kann. Bei Brüchen setzt man vor die kleine hochgestellte Zahl das Zeichen —, so daß $10^{-5} = \dfrac{1}{10^5}$ bedeutet. Und etwa $3 \cdot 10^{-7}$ wäre $\dfrac{3}{10^7}$.

Später hat man noch bequemer Öltröpfchen zuerst gemessen und dann auf einer großen Wasserfläche sich ausbreiten lassen. Durch Ausmessen der Flächengröße findet man auch hier die Dicke der Ölschicht. Sie betrug bis zu 10^{-6} mm. Wenn nun in dieser Schicht nur mehr 1 Ölmolekel gewesen wäre, so wäre eben 10^{-6} mm die Dicke der Ölmolekel. Wahrscheinlich aber enthält die Schicht noch mehrere Molekeln, nehmen wir z. B. an, sie hätte noch zehn. So wären eben diese zehn Molekeln zusammen 10^{-6} mm dick, und folglich wäre der Durchmesser einer Molekel noch zehnmal kleiner. 10^{-6} bedeutet also einen Höchstwert der Molekel, sie ist höchstens so groß, wahrscheinlich aber noch kleiner. Später hat man sogar mehrere Verfahren gefunden, nicht bloß Grenzwerte, sondern die wahren Größen der Molekeln und Atome zu bestimmen. Manche von den Verfahren sind für sich recht unsicher, aber schließlich haben doch alle zu recht befriedigend übereinstimmenden Werten geführt. In unserer Zeit sind besonders durch die Entdeckung des Radiums Verfahren bekannt geworden, die sehr leicht zu verstehen sind und die ganz ohne umständliche Rechnungen die Zahl und Größe der Atome geben, ohne dabei unbewiesene Annahmen zu benutzen. Wir werden bald bei Besprechung des Radiums diese Verfahren auseinandersetzen und uns daher hier damit begnügen, die gefundenen Ergebnisse mitzuteilen. Darnach enthält 1 Gramm Wasserstoff (und folglich auch ein Grammatom irgendeines Elements und eine Grammolekel irgendeines Stoffes) nahezu $6 \cdot 10^{23}$ Atome (bzw. Molekeln). Das heißt also, an 6 soll man noch 23 Nullen anhängen, dann hat man die richtige Zahl. Dann folgt, daß ein einzelnes Wasserstoffatom $1 : 6 \cdot 10^{23}$ Gramm schwer ist, das macht $1{,}6 \cdot 10^{-24}$ Gramm. Und jedes Atom vom Atomgewicht A wiegt A mal soviel. Wir werden im folgenden wiederholt von dieser Zahl Gebrauch machen.

Daraus ergibt sich, daß die Zahl der Atome auch in Stoffmengen, die für unsere Sinne verschwindend klein sind, doch noch nach Millionen zählen kann. Suchen wir uns diese Verhältnisse durch ein paar einfache Beispiele etwas näher zu bringen.

1. Angenommen wir wollten die Atome in nur 1 Gramm Wasserstoff abzählen, also die Zahl $6 \cdot 10^{23}$. Da wir bald einsehen können, daß dazu unser Leben nicht ausreichen würde, wollen wir annehmen, daß uns die Erfindung einer Maschine geglückt wäre, die in jeder Sekunde genau 1 Million Atome durchließ und das an einem Zählwerk abzulesen gestattete. Die Maschine kann auch Tag und Nacht ohne Unterbrechung zählen. Wann wird sie mit ihrer Arbeit fertig sein? Der Tag hat $60 \cdot 60 \cdot 24 = 86\,400$ Sekunden. Das Jahr zu 365 Tagen gerechnet hat $86\,400 \cdot 365 = 31,5$ Millionen Sekunden. In jeder Sekunde werden Millionen Teilchen gezählt, das macht in einem Jahre rund 31 Billionen oder $31 \cdot 10^{12}$. So oft das in $6 \cdot 10^{23}$ enthalten ist, so viele Jahre sind erforderlich, das macht rund $2 \cdot 10^{10}$ oder 20 Milliarden Jahre. Nach 20 Milliarden Jahren wird die Maschine die Atome in 1 Gramm Wasserstoff gezählt haben.

2. Man hat die merkwürdige Tatsache festgestellt, daß 2 Gramm Wasserstoff und die Grammolekeln aller Gase bei 0^0 und Atmosphärendruck alle denselben Raum einnehmen von 22,4 Liter; die enthalten also auch $6 \cdot 10^{23}$ Gasmolekeln. Wir können nun mit unsern neuesten Luftpumpen einen Gasraum sehr weit auspumpen, zum Glück für unsere Glühlampen, Radioröhren und Röntgenröhren. Die besten Luftpumpen lassen den Druck auf 10^{-9}, den milliardesten Teil einer Atmosphäre verringern. Dann rücken die „wenigen" Resteteilchen so weit auseinander, daß sie 1000 mal weiter von ihrem rechten, linken oberen und unterem Nachbarteilchen entfernt sind. Ein Watteflöckchen fällt in diesem Raum so ungehindert und so schnell zur Erde wie eine Bleikugel. Ein elektrischer Funke etwa in einer Röntgenröhre geht nicht mehr hindurch, wie hoch auch die angewandte elektrische Kraft sei. Trotzdem befinden sich in 1 cmm, also in einem Würfel von 1 mm Kantenlänge, noch 28 Millionen Gasmolekeln.

3. Noch ein letztes Beispiel (nach Aston). Ein Gefangener wird, wie einst Napoleon, dazu verurteilt, auf einer Insel im Stillen Ozean sein Leben einsam zu verbringen. Beim Abschied hat er mit einem Freunde ausgemacht, daß dieser

jedes Jahr ein Glas heimisches Wasser von $1/10$ Liter Inhalt ins Meer schüttet. Er will dann warten, bis dieses Wasser sich gleichmäßig durch das ganze Weltmeer verbreitet hat. Wenn er dann ebenfalls ein Glas von 0,1 Liter schöpft, ist es dann wahrscheinlich, daß er darin eine Molekel von dem heimischen Wasser bekommt?

Antwort: Bei gleichmäßiger Verteilung hat er in jedem Glas mehr als 250 Molekeln heimischen Wassers.

Beweis. Da das Molekulargewicht des Wassers $H_2O = 18$ beträgt, so haben 18 Gramm oder auch 18 ccm Wasser $6 \cdot 10^{23}$ Wassermolekeln, und 0,1 Liter $= 100$ ccm haben $33,3 \cdot 10^{23}$ Molekeln.

Den Inhalt des Meeres können wir nur abschätzen. Es nimmt das Wasser einen Teil der Erdoberfläche ein, der sich zur Fläche des Festlandes verhält wie $2,5 : 1$, das besagt: 370 Millionen Quadratkilometer sind Meeresoberfläche. Die mittlere Tiefe der Meere kann man aus zahlreichen Schiffslotungen schätzen zu 3,6 Kilometer. Daraus folgt ein Inhalt von $13 \cdot 10^8$ Kubikkilometer oder $13 \cdot 10^{23}$ ccm. Wenn darin $33,3 \cdot 10^{23}$ Molekeln gleichmäßig verteilt werden, so kommen auf jedes Kubikzentimeter mehr als 2,5 und auf je 100 ccm kommen mehr als 250 Molekeln aus der Heimat.

Aus dem Gewonnenen können wir nun auch leicht den Raum berechnen, der in einem Gas vom Atmosphärendruck den einzelnen Molekeln zur Verfügung steht. Es ist das Volum von 22,4 Liter oder 22 400 ccm geteilt durch $6 \cdot 10^{23}$, das gibt $37,3 \cdot 10^{-21}$ ccm. Oder wenn wir uns diesen Raum als Würfel vorstellen wollen, so müßte die Kante des Würfels $3,34 \cdot 10^{-7}$ cm betragen. So groß wäre also bei diesem Druck und dieser Temperatur von 0^0 C der Abstand von einer Molekel zum nächsten Nachbarn. Man muß sich aber hüten, diese Größe etwa als den Durchmesser der Molekeln betrachten zu wollen. In einem Gas sind, wie wir weiter wissen, die Teilchen in einer beständigen lebhaften Bewegung nach allen Richtungen begriffen. Sie füllen daher selbst mit ihrem Stoff den Raum bei weitem nicht aus. Die Durchmesser der Gasmolekeln sind daher wesentlich kleiner als diese Strecke. Man hat aber Mittel und Wege gefunden, auch diese wahren Durch-

messer zu bestimmen. Das Ergebnis war, daß die Durchmesser
vieler Gase nahezu gleich waren, und zwar gleich $2{,}5 \cdot 10^{-7}$ mm,
das ist also reichlich 10mal kleiner als die Kante des Würfels, der ihnen zur eigenen Bewegung zur Verfügung steht.

4. Zwischen den verschiedenen Atomen scheint eine Verwandtschaft zu bestehen.

Das periodische System der Elemente.

Die Atome erwiesen sich als ganz ungeheuer klein, so win-
zig, daß wir uns gar keine Vorstellung davon machen können.
Man sollte meinen, der Mensch hätte sich mit dieser Erkenntnis zufriedengeben können. Man war auch sehr beglückt
über diese Fortschritte in der Naturerkenntnis, die schon damals die Leistungen der früheren Jahrhunderte weit über-
trafen. Aber glücklicherweise haben die Forscher sich ohne
Zögern an die weitere Arbeit gemacht, als sich Zeichen einer
noch tieferen Gesetzmäßigkeit über die Atome einstellten.
Als man die Art und Zahl der Atome in den verschiedenen
zusammengesetzten Körpern untersucht hatte, stellte man
als Ausdruck dieses Ergebnisses die Molekularformeln auf,
an welchen man sofort ersehen konnte, aus welchen Atomen
die Molekel irgendeines zusammengesetzten Körpers aufgebaut war. So bedeutete die Formel HCl, daß die Molekeln
der Salzsäure aus einem Wasserstoff- und einem Chloratom
zusammengesetzt seien. Die Formel H_2O für das Wasser
besagte, daß 2 Wasserstoffatome und 1 Sauerstoffatom die
Molekel des Wassers ausmachten.
Ferner hatte man inzwischen erfahren, daß sich durch den
elektrischen Strom viele Stoffe zersetzen lassen, dabei gehen
einige Atome immer mit dem Strom an die negative Elektrode, andere ebenso regelmäßig gegen den elektrischen
Strom an die positive Elektrode. Und da man schon wußte,
daß entgegengesetzte Elektrizitäten sich anziehen, gleichartige
aber abstoßen, so nannte man die ersten Bestandteile positiv
elektrisch, die anderen negativ elektrisch. Man wurde ferner
bald darauf aufmerksam, daß auch in den chemischen Ver-

bindungen sich meist solche positive Atome mit negativen verbanden.

Als man dann die Verbindungen der verschiedenen Elemente etwa mit Wasserstoff zusammenstellte, wurde man auf folgendes aufmerksam (vgl. Abb. 3, S. 20). Einige Elemente können nur 1 Wasserstoffatom an sich fesseln, z. B. ClH Salzsäure, BrH Bromwasserstoff, andere können 2 Wasserstoffteilchen binden wie OH_2 Wasser, SH_2 Schwefelwasserstoff, wieder andere binden 3 H-Atome NH_3 Ammoniak, PH_3 Phosphorwasserstoff, und wieder andere Molekeln enthalten gar 4 Wasserstoffatome wie CH_4 Methangas und SiH_4 Siliziumwasserstoff.

Andere Stoffe verbanden sich zwar weniger mit Wasserstoff, konnten aber den Wasserstoff aus seinen Verbindungen verdrängen oder ersetzen, so bildete sich aus HCl (der Salzsäure) NaCl (Kochsalz), das Na-Atom konnte ein H-Atom ersetzen. Dagegen konnte 1 Kalziumatom aus H_2S (Schwefelwasserstoff) Schwefelkalzium bilden mit der Formel CaS. Es hatte also das eine Ca-Atom die zwei H-Atome ersetzt. Man nannte nun die Stoffe, die sich mit 1 Wasserstoffatom verbinden, oder auch die ein Wasserstoffatom in einer Verbindung ersetzen konnten, chemisch einwertig. Dagegen waren Atome, die 2 Wasserstoffatome binden oder ersetzen konnten, chemisch 2 wertig, ähnlich kannte man chemisch drei- und vierwertige Atome.

Als man nun versuchte, weitere Regelmäßigkeiten in der Gesamtheit der Atome zu entdecken, kamen im Jahre 1869 zu gleicher Zeit Mendelejeff in Rußland und Lothar Meyer in Deutschland zu folgender Erkenntnis. Sie ordnen alle Stoffe nach ihrem Atomgewicht in eine fortlaufende Reihe, die mit dem leichtesten Wasserstoffatom beginnt und mit dem schwersten Element, dem Uranatom $U = 238$, endet. Wenn man dabei auf die Wertigkeit der verschiedenen Atome achtet, so ergibt sich, daß auf das Wasserstoffatom zuerst das Lithiumatom folgt, das ebenfalls elektropositiv einwertig ist. Das folgende Element, Beryllium, ist 2-, das nächste, Bor, 3-, das folgende, Kohlenstoff, 4wertig. Und dann nimmt die Wertigkeit wieder ab. Stickstoff ist elektronegativ 3wertig, Sauer-

stoff negativ 2- und Fluor 1wertig. Auf das Fluor folgt dann
wieder ein 1wertiges Element, das Natrium, es ist aber ganz
wie das 1wertige Lithium, positiv elektrisch, also in jeder
Beziehung dem Lithium ähnlich. Man bricht darum hier die
Reihe ab und fängt eine neue an, indem man das Na unter
das Li schreibt, dem es chemisch sehr ähnlich ist. Dann zeigt
sich etwas sehr Merkwürdiges. Der nun folgende Stoff kommt
beim einfachen Weiterschreiben unter das Beryllium zu
stehen; und sonderbar, er ist auch wie dieses 2wertig und
elektropositiv. Darauf folgt Aluminium, das unter dem Bor
zu stehen kommt und auch wie dieses 3wertige Verbindungen
eingeht. Und so geht es durch, es folgen wieder die Wertigkeiten 3, 4, 3, 2, und das Chlor ist wieder elektronegativ
1wertig wie das Fluor, dem es auch in seinem ganzen Verhalten ähnlich ist. Und wenn man dann beim folgenden Element, dem Kalium, das wieder dem Natrium gleich einwertig und elektropositiv ist, eine dritte Reihe beginnt, stimmt
die ganze Reihe auch hier. Es ergibt sich also, daß dieselben
Wertigkeiten in der ganzen Reihe der Elemente periodisch
wiederkehrten; und entsprechend der großen Bedeutung,
welche der Wertigkeit für das ganze chemische Verhalten
der Stoffe zukommt, nannte man das so gebildete System
„das periodische System der Elemente".

Über die große Bedeutung dieser Entdeckung war man
sich von Anfang an klar. Denn nun hatte man nicht mehr
eine Reihe verschiedener Stoffe, die ganz regellos allerlei
Eigenschaften zeigten, aber scheinbar nichts miteinander zu
tun hatten. Jetzt sah man *ein System* von Elementen vor sich.
In den Zeilen folgten sich die Elemente steigenden Atomgewichts und jedesmal stufenweise veränderter Wertigkeit
aufeinander. Die in Gruppen untereinanderstehenden Stoffe
aber hatten alle die gleiche Wertigkeit, und folglich ganz
ähnliches chemisches Verhalten, während das Atomgewicht
auch hier immer zunahm. Der Grund für dieses Verhalten
konnte selbstverständlich nur im Innern der verschiedenen
Atome liegen. Man sah also gleichsam eine Tür, die weitere
Einrichtungen im Innern der Atome andeutete, so klein die
Atome auch waren. Und man bemühte sich sehr, den Schlüssel

Das periodische System der Elemente.

Periode	Gruppe 0	Gruppe I	Gruppe II	Gruppe III	Gruppe IV	Gruppe V	Gruppe VI	Gruppe VII	Gruppe VIII		
I		1 H 1,008									
II	2 He 4,00	3 Li 6,94	4 Be 9,02	5 B 10,82	6 C 12,00	7 N 14,008	8 O 16,00	9 F 19,00			
III	10 Ne 20,2	11 Na 23,00	12 Mg 24,32	13 Al 26,97	14 Si 28,06	15 P 31,04	16 S 32,07	17 Cl 35,45			
IV	18 Ar 39,94	19 K 39,10	20 Ca 40,07	21 Sc 45,10	22 Ti 47,90	23 V 51,0	24 Cr 52,01	25 Mn 54,93	26 Fe 55,84	27 Co 58,97	28 Ni 58,68
		29 Cu 63,57	30 Zn 65,38	31 Ga 69,72	32 Ge 72,60	33 As 74,93	34 Se 79,2	35 Br 79,92			
V	36 Kr 83,7	37 Rb 85,45	38 Sr 87,6	39 Y 88,9	40 Zr 91,2	41 Nb 93,5	42 Mo 96,0	43 Ma —	44 Ru 101,7	45 Rh 102,9	46 Pd 106,7
		47 Ag 107,88	48 Cd 112,4	49 In 114,8	50 Sn 118,7	51 Sb 121,76	52 Te 127,5	53 J 126,92			
VI	54 X 131,3	55 Cs 132,8	56 Ba 137,4	57—71 Selt. Erden	72 Hf 178,6	73 Ta 181,36	74 W 184,0	75 Re 186,3	76 Os 190,9	77 Ir 193,1	78 Pt 195,2
		79 Au 197,2	80 Hg 200,6	81 Tl 204,4	82 Pb 207,2	83 Bi 209,0	84 Po 210	85— —			
VII	86 Em 222	87— —	88 Ra 226,0	89 Ac 227	90 Th 232,1	91 Pa —	92 U 238,2				

Seltene Erden.

57 La	58 Ce	59 Pr	60 Nd	61 Ill	62 Sm	63 Eu	64 Gd	65 Tb	66 Dy	67 Ho	68 Er	69 Tu	70 Yb	71 Cp
138,9	140,2	140,9	144,3	—	150,4	152,0	157,3	159,2	162,5	163,5	167,7	169,4	173,5	175,0

zu finden, der diese Tür öffnen konnte. Aber vergebens. Dann untersuchte man die Tür von allen Seiten, ob man den Eingang nicht erzwingen könne. So fand sich noch weiteres.

Nachdem in der dritten Reihe mit dem Mangan wieder ein negativ einwertiges Element eingereiht war, kamen drei Elemente, Eisen, Kobalt, Nickel, ohne eine ausgesprochene Wertigkeit, da sie Verbindungen sehr verschiedener Wertigkeit bilden können. Auch war ein Fortschreiten der Wertigkeit von einem zum andern dieser drei Elemente nicht zu erkennen. Sie waren einander in vielen Eigenschaften sehr ähnlich, z. B. waren sie alle drei stärker magnetisierbar als alle anderen Stoffe des ganzen Systems. Darauf beginnt aber wieder, mit dem Kupfer angefangen, das positiv einwertig ist, der regelmäßige Verlauf, bis zum Brom, das dem Fluor und dem Chlor gleicht. Man konnte deshalb die vierte Periode als eine Doppelperiode oder große Periode bezeichnen. Und ebenso war die fünfte Periode eine große Doppelperiode. Später hat man das System noch weiter verfolgen können, als auch die nun folgenden schwereren Elemente in genügender Vollständigkeit bekannt waren. Es sei hierfür einfach auf die Tafel verwiesen, die das ganze System der Elemente nach unserm heutigen Wissen wiedergibt.

Wenn die Wertigkeit der Elemente sich periodisch ändert, so war es wahrscheinlich, daß auch noch andere Erscheinungen an dieser periodischen Änderung teilhaben würden. Eine solche periodische Änderung fand sich auch in dem Atomvolum. Man versteht darunter folgendes. Als die Dichte eines Stoffes bezeichnen wir das Gewicht von 1 ccm. So sagen wir, das Wasser hat die Dichte $d = 1$, weil 1 ccm Wasser 1 Gramm wiegt, Blei hat die Dichte $d = 11$, d. h. 1 ccm Blei wiegt 11 Gramm, usw. Daraus folgt, daß 1 Gramm der betreffenden Stoffe den Raum von $1/d$ ccm einnimmt und A Gramm nehmen A/d ccm ein. Nehmen wir nun von allen Stoffen soviel Gramm A als ihr Atomgewicht besagt, so ist A/d der Raum von 1 Grammatom der betreffenden Stoffe, und da alle Grammatome dieselbe Zahl von $6 \cdot 10^{23}$ Atome enthalten, so müssen sich die Volume je eines einzelnen Atoms der verschiedenen Stoffe auch zueinander verhalten wie die Volume der gleichen Anzahl von Atomen. Gleichviel, wie groß die Zahl ist, wenn man nur jedesmal dieselbe Anzahl Atome vergleicht. Man nennt also A/d das Atomvolum der Elemente. Zu seiner Feststellung braucht man nur das Atomgewicht durch die Dichte zu teilen. Man trug das Ergebnis dieser Messungen in einer Schaulinie zusammen, die in Abb. 6 dargestellt ist. Man sieht sofort gewisse Spitzen hervorragen, und diese kommen alle den Stoffen der ersten Gruppe, Li, Na, K, Ru, Cs, zu. Dazwischen senkt sich die Linie und jeder Bogen enthält gerade die Stoffe einer Periode des Systems. Diese Bögen zeigen uns auch ganz deutlich, daß wir die vierte und die folgenden Perioden mit Recht als große, aber *eine* Periode betrachten und daß wir sie nicht

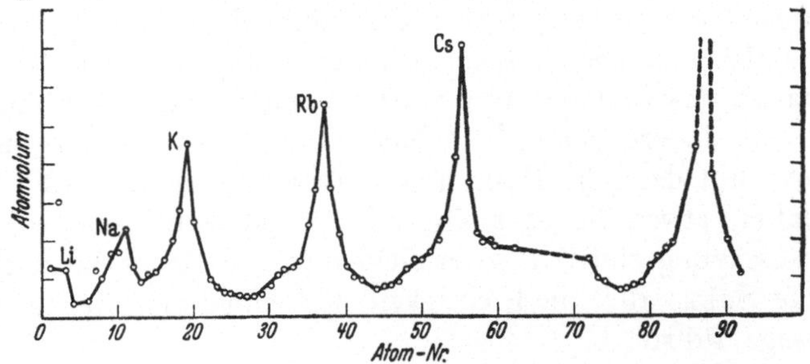

Abb. 6. Das Atomvolum steigt und fällt ebenso periodisch wie die Wertigkeit.

etwa in zwei kleine zerlegen dürfen. Nur die zwei ersten Stoffe H und He lassen sich vorläufig nicht in die Gesetzmäßigkeit einreihen. In dem Atomvolum haben wir einen Hinweis auf den Raum, den die einzelnen Atome im festen Zustand einnehmen, vielleicht sogar auf ihre Gestalt. Wenn wir auch einstweilen noch keine Einsicht haben in das Warum und Wieso dieser Regelmäßigkeiten, so ist es doch außerordentlich wertvoll, möglichst viele Tatsachen zu sammeln. Denn eine spätere Erklärung wird um so mehr Glauben verdienen, je mehr Tatsachen sie ohne Zwang erklären kann.

Bestätigungen des periodischen Systems.

In den folgenden Jahren fand das System noch mehrere glänzende Bestätigungen. Es hatten sich nämlich sogleich einige Stellen gezeigt, wo die Anordnung nicht recht klappen wollte. Wenn die Atome gleicher Wertigkeit untereinanderstehen sollten, mußte man an einigen Stellen einen Platz unbesetzt lassen und den folgenden Stoff unter das zweitnächste Element setzen. Mendelejeff ließ sich dadurch nicht irremachen. Es lag ja der Gedanke nahe, daß hier bisher noch unentdeckte Elemente hingehören könnten. Aber Mendelejeff ging so weit, aus den Eigenschaften der Nachbarelemente auch das Verhalten, die Eigenschaften und Verbindungen der noch fehlenden vorauszusagen. Und es war ein großer Triumph für das ganze System, als man wenige Jahre später drei dieser Elemente, Skandium, Gallium und Germanium, entdeckte, die mit einer manchmal verblüffenden Genauigkeit die vorausgesagten Eigentümlichkeiten zeigten. Es hatte also hier das vorausgesetzte oder angenommene Gesetz gestattet, das Bestehen von Stoffen vorauszusagen, von denen auf eine andere Weise kein Mensch etwas aussagen konnte. Man nennt das „die Hypothese hat heuristischen Wert", sie gestattet, etwas Neues aufzufinden. Und wenn eine solche Voraussagung eintrifft, so erblickt man mit Recht darin eine starke Stütze für die Richtigkeit der Annahme, die zu der Aussage führte.

Noch eine andere, ganz unerwartete Bestätigung erfuhr das System einige Jahrzehnte später. Man hatte eine Reihe Gase entdeckt, besonders in der atmosphärischen Luft, die mit keinem andern Stoff eine chemische Verbindung eingingen und „deshalb" Edelgase genannt wurden. Wenn man also an der bisherigen Bezeichnung festhalten und diese Gase auch in das System einreihen wollte, konnte man ihnen nur die Wertigkeit Null zusprechen. Wenn man sie aber nicht einreihte, so war das System sogleich als „das System" der ganzen Körperwelt aufgegeben und hätte seine Bedeutung ganz verloren gehabt. Als man aber diesen Edelgasen nach ihrem Atomgewicht einen Platz anwies, kamen sie alle zwischen das negativ einwertige Fluor bzw. Chlor, Brom, Jod und die positiv einwertigen Natrium, Kalium, Rubidium, Cäsium zu stehen. D. h. sie bildeten eine eigene Gruppe für sich. Und wenn die Wertigkeit Null dort zwischen den beiden Wertig-

keiten —1 und +1 eingeschoben wurde, so erhielt das System
dadurch keineswegs eine Störung, sondern eine wunderbare
Abrundung als —1,0,+1. Und als wieder später nach Entdeckung des Radiums die Radiumemanation bekannt wurde,
die sich ebenfalls als Edelgas erwies, paßte sie auch ohne
weiteres als letztes Glied in die Gruppe der Edelgase. Vgl.
in der Tabelle S. 35 die Gruppe 0.

Sollten alle diese Regelmäßigkeiten auf Zufall beruhen?
Das war schwer anzunehmen. Der Zufall erzeugt wohl Regel-
losigkeit, es kommt auch in einzelnen Fällen etwas Geordne-
tes heraus, aber das geschieht um so seltener, je größer und
ausgeprägter die Ordnung ist. Im vorliegenden Fall ging die
Ordnung durch das ganze Körpersystem, und die Naturforscher hätten ihre Aufgabe schlecht verstanden, wenn sie
darauf verzichtet hätten, zunächst noch genauer zuzusehen,
wie weit sich die strenge Regelmäßigkeit erstreckte, und sodann aber an die noch schwerere Aufgabe zu gehen, wie man
sich das Innere der Atome denken könnte, damit dieses regelmäßige Verhalten bei den aufeinanderfolgenden Elementen
sich einstellte. Diese letzte Frage zu lösen, war es noch zu
früh, dazu war die Einsicht noch nicht tief genug. Und
außerdem wurde die Lösung ganz wesentlich dadurch erschwert, daß sich in dem System mehrere Stellen zeigten,
wo die Gesetzmäßigkeit verletzt schien.

Unstimmigkeiten des Systems.

Zunächst fanden sich einige Stellen im System, wo man
von der richtigen Anordnung nach steigendem Atomgewicht
hatte abgehen müssen, wenn man alle Stoffe in die Nachbar-
schaft bringen wollte, in die sie ihrem ganzen chemischen
Verhalten nach hingehörten. Wenn man das nicht tut, so
stimmte zwar das steigende Atomgewicht, aber das chemische
Verhalten, das sich in der Wertigkeit ausspricht, wäre in den
Gruppen nicht gleich gewesen. Man hat deshalb das Argon
mit dem Atomgewicht 39,9 vor das Kalium mit dem Atomgewicht 39,1 gesetzt. Ebenso mußte man das Tellur = 127,5
vor das Jod = 126,9 setzten.

Noch einige andere Unstimmigkeiten müssen erwähnt werden. Wie schon über die drei Elemente Eisen, Kobalt, Nickel berichtet wurde, ereignete es sich noch zweimal, daß eine solche Dreizahl von Elementen sich einstellte, bei denen der Fortschritt der Wertigkeit stockte. Sie waren vielmehr alle drei in ihrem chemischen Verhalten einander sehr ähnlich und gingen alle drei Verbindungen ein in den verschiedensten Wertigkeiten. Jedoch war das Vorkommen dieser drei Gruppen wieder insofern gesetzmäßig, als sie sich immer am Ende einer Halbperiode einstellten, so daß sie alle zusammen als eigene Gruppe VIII in das System eingereiht werden konnten.

Noch größer war eine Störung bei den 14 Elementen mit der Nummer 58—71. Dort schien selbst der Grundgedanke des ganzen Systems zu versagen. Diese 14 Elemente, genannt die seltenen Erden, zeigten alle zusammen nahe dasselbe chemische Verhalten, so daß es sogar sehr schwer gewesen war, sie voneinander zu trennen, sie nachzuweisen und rein darzustellen. Es war, als ob sie alle an dieselbe Stelle des Systems gehörten. Bei dem nächstfolgenden Element, dem Hafnium, ging nämlich die Einreihung mit der folgenden Stelle ungestört weiter.

Zu all diesen Unstimmigkeiten kam hinzu, daß auch die Wertigkeit und die chemische Betätigung als positiver oder negativer Bestandteil in einer Verbindung keineswegs ganz eindeutig und bedingungslos innegehalten wurde. Namentlich die Elemente in den mittleren und höheren Gruppen des Systems können auch positive Wertigkeiten betätigen, wenn sie mit einem noch stärker negativen Element zusammentreffen. Die positive und negative Wertigkeit haben im allgemeinen nicht dieselbe Zahl. So ist der Stickstoff in NH_3 negativ dreiwertig, aber er bildet mit Sauerstoff auch das Oxyd N_2O_5, wo er positiv fünfwertig auftritt. Kohlenstoff ist im Methan CH_4 negativ vierwertig, im CO_2 positiv vierwertig. Ähnlich ist Chlor in ClH negativ einwertig, aber in Cl_2O_7 positiv siebenwertig. Allgemein kann die Summe der höchsten positiven und negativen Wertigkeiten die Zahl 8 nicht übersteigen. In den erwähnten Beispielen trifft das zu.

Worin alle diese Eigentümlichkeiten begründet lagen, das konnte kein Mensch sagen. Nur soviel war jetzt schon zu sehen, einfache Stoffklümpchen konnten diese Atome nicht sein. Aber weiter kam man vorderhand nicht. Offenbar hatte man den eigentlichen Sinn des großen Gesetzes noch nicht erkannt. Für die Forscher waren aber gerade diese Ausnahmen von der größten Bedeutung. Eine dargebotene Lösung des Rätsels war nicht eher annehmbar, als sie auch diese Eigenheiten alle ungezwungen aufklärte. Sollte eine solche Lösung aber einmal gefunden werden, so stand zu erwarten, daß sie mit einer wesentlich vertieften Einsicht in die innersten Eigenschaften der Stoffe verbunden sein werde, und das nicht nur für einige Elemente, sondern für das ganze Körpersystem. In der Entdeckung des periodischen Systems war kein abgeschlossenes Gesetz bekanntgeworden, sie enthielt aber eine starke Anregung, einen wichtigen Ausgangspunkt zu weiterem Forschen. Die Rätsel der Körperwelt waren darin deutlich herausgestellt. Fast wollte es scheinen, daß einmal ein großer Gedanke über das ganze Gebiet auf einmal ein helles Licht verbreiten müsse.

5. Die Elektrolyse zeigt elektrische Ladungen in den Atomen.

Die Grundgesetze der Elektrolyse.

Ungefähr zur selben Zeit, als die Atome entdeckt wurden, fand man auch die elektrischen Ströme und die Mittel, solche zu erzeugen und aufrechtzuerhalten, in den galvanischen Elementen. Und als man diese Ströme auch durch Flüssigkeiten zu leiten versuchte, zeigte sich sogleich, daß Flüssigkeiten den Strom nur so fortleiteten, daß sie dabei selber zersetzt wurden. Wenn man aus zwei der bekannten Klingelelemente oder auch aus Akkumulatoren die Drähte (Abb. 7) in eine Wanne mit Wasser führt, das durch etwas Säure leitend ge-

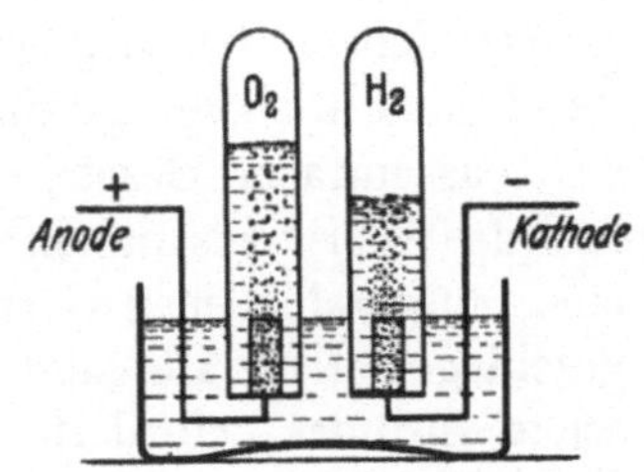

Abb. 7. Abscheidung von Wasserstoff H_2 und Sauerstoff O_2 beim Durchgang eines Stromes durch angesäuertes Wasser.

macht ist, so geht der Strom durch das Wasser, und an den
beiden zuleitenden kleinen Platinblechen sieht man Gasbläs-
chen aufsteigen. Wenn man das Gas in zwei übergestülpten
Gefäßen aufsammelt und untersucht, erweist es sich als Wasserstoff und Sauerstoff. Der Wasserstoff wird immer an dem
Blech ausgeschieden, das mit dem negativen Pol des Elements
verbunden ist, der Sauerstoff immer an dem anderen Pol.
Der elektrische Strom zeigt hier also chemische Wirkungen,
die in den Molekelverband der Stoffe eingreifen. Schon der
Chemiker Berzelius, ein Zeitgenosse Daltons, schloß
daraus, daß die Kräfte, durch welche die Atome zur Molekel
gebunden würden, dann wohl elektrische Kräfte sein müssen.
Dann hätte er aber auch weiter schließen können, daß dann
die Atome selbst elektrische Ladungen tragen müssen, und
zwar, da nur entgegengesetzt geladene Teilchen sich anziehen,
teils positive, teils negative. Aber zu einer befriedigenden und
widerspruchsfreien Auslegung der Erscheinungen kam es
doch nicht. Dazu waren die Vorkenntnisse damals noch zu
mangelhaft und unsicher.

Faraday wandte seine Tätigkeit von 1833—1835 auch
diesen Erscheinungen zu, indem er messend und wägend an
sie herantrat. Er nannte die Metallteile, die den Strom in die
Flüssigkeit führten, Elektroden, und zwar die mit dem positiven Pol der Elemente verbundene Anode, die mit dem negativen die Kathode. Die Flüssigkeiten, die den Strom fortleiteten, nannte er Elektrolyte. Beim sorgfältigen Messen erkannte
er alsbald die folgenden beiden Grundgesetze der Elektrolyse.
1. Verglich er die ausgeschiedene Stoffmenge mit der dabei
durch die Flüssigkeit getriebenen Elektrizitätsmenge. Es zeigte
sich das einfache Gesetz, daß die beiden innigst und in ein-
fachster Weise zusammenhängen. Für jedes Kubikzentimeter
eines ausgeschiedenen Gases oder jedes Gramm eines nieder-
geschlagenen Metalls sind gleich viele Einheiten des elektrischen Stromes erforderlich. Also kurz: soviel Stoff, soviel
Elektrizität. Das galt für alle Stoffe, ob sie als Gase, wie
Wasserstoff und Sauerstoff, oder als Metalle, die einen Überzug von Kupfer, Nickel oder Gold auf der Elektrode erzeugten, ausgeschieden wurden. Daher konnte also ein schwacher

Strom in längerer Zeit gerade soviel Stoff ausscheiden, wie ein stärkerer Strom in entsprechend kürzerer. Sobald man die elektrischen Ströme genauer zu messen verstand, bestimmte man diese Ladungen auch genauer. Unter der Stromstärke verstand man die Menge der Elektrizität, die in einer Sekunde durch irgendeinen Querschnitt der Strombahn fließt. Nennen wir diese wie üblich i, dann fließt bei unveränderten Verhältnissen in t Sekunden die Elektrizitätsmenge $\varepsilon = it$. Wenn nun diese Elektrizitätsmenge ε in einem Elektrolyten m Gramm Wasserstoff zur Abscheidung bringt, dann werden zur Abscheidung von 1 Gramm Wasserstoff ε/m Einheiten der Elektrizität verlangt, das ist der Inhalt des ersten Gesetzes von F a r a d a y. Nachdem man die Größen ε auch in bestimmten Einheiten zu messen gelernt hatte, konnte man ihren Wert auch nach Maß und Zahl bestimmen. Wenn man die Stromstärke i nach Ampere mißt, so wird die Elektrizitätsmenge $\varepsilon = it$ nach Coulombs gemessen. Und man fand, daß $\varepsilon/m = 96\,500$ Coulombs ist für Wasserstoff. Dabei ist es gleichgültig, ob man zur Messung eine größere Menge Wasserstoff entwickelt oder eine kleinere, denn eben nach diesem Gesetz wird mit der größeren Masse des Wasserstoffes m auch die erforderliche Menge ε der Elektrizität in gleichem Verhältnis größer, und der Bruch ε/m bleibt daher unverändert.

Nach dem Gesetz gilt dieselbe Zahl $96\,500$ Coulombs je 1 Gramm auch, wenn man nur ganz kleine Mengen Wasserstoff entwickelt und die dazu notwendige Elektrizitätsmenge bestimmt, sie gilt auch für $1\,000\,000$ Atome, auch für 100 und daher auch für 1 Atom. Wenn also 1 Atom Wasserstoff ausgeschieden wird vom Gewicht m, so ist dazu eine Elektrizitätsmenge ε erforderlich, für welche gilt $\varepsilon/m = 96\,500$, also $\varepsilon = 96\,500 \cdot m$, auch wenn m die Masse eines einzigen Atoms Wasserstoff darstellt. Da wir diese Masse schon kennen, können wir ε sogleich ausrechnen (nach S. 29) aus $m = 1{,}66 \cdot 10^{-24}$ folgt $\varepsilon = 96\,500 \cdot 1{,}66 \times 10^{-24} = 1{,}59 \times 10^{-19}$ Coulombs. Diese Zahl ist sehr klein. Man gibt ihren Wert daher lieber in einem kleineren Maßstab an, in welchem man eine $3 \cdot 10^9$mal größere Zahl erhält. In diesen elektrostatischen Einheiten ist $\varepsilon = 4{,}77 \cdot 10^{-10}$ elektrostatischen Einheiten.

2. Das zweite Gesetz von Faraday verglich die Stoffmengen verschiedener Körper, die durch dieselbe Elektrizitätsmenge ausgeschieden wurden. Um den Durchgang derselben Elektrizitätsmenge zu sichern, brauchte er nur den
Strom aus derselben Batterie durch eine Reihe von Flüssigkeiten zu schicken, die hintereinandergeschaltet waren
(Abb. 8). Dann ging derselbe Strom von einer Zelle zur anderen. Wir wollen annehmen, daß die Elektrolyse solange fort-
gesetzt wird, bis 1 Gramm Wasserstoff ausgeschieden ist.
Dann werden durch dieselbe Strommenge 35,5 Gramm Chlor
und 107,9 Gramm Silber ausgeschieden. Das sind aber die
Atomgewichte dieser Stoffe. Und nach S. 27 enthalten 35,5 Gramm Chlor genau so viele Atome wie 1 Gramm Wasserstoff. Ebenso 107,9 Gramm Silber. Bei anderen Stoffen war die Ausbeute durch diesen Strom aber nicht so groß. Bei einigen fand er nur $1/_2$ Grammatom, und wieder bei ande-

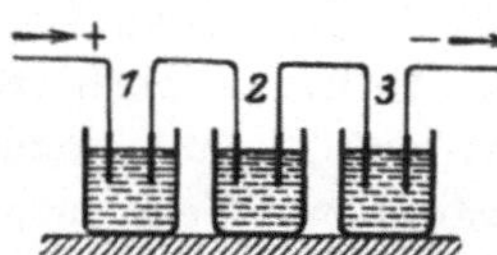

Abb. 8. Durch mehrere in Reihe geschaltete Zellen geht immer dieselbe Menge Elektrizität.

ren nur $1/_3$, $1/_4$, $1/_5$, $1/_6$. Und als er genauer untersuchte,
welche Stoffe das waren, ergab sich, daß er bei den Stoffen,
die von den Chemikern als zweiwertig erkannt waren, nur
$1/_2$ Grammatom erhielt, bei den dreiwertigen nur $1/_3$ ... Oder
wenn er die Elektrolyse so weit hätte fortsetzen wollen, bis
auch bei diesen Stoffen ein Grammatom abgeschieden wäre,
so wäre dazu bei den zweiwertigen Stoffen die doppelte, bei
den dreiwertigen die dreifache Elektrizitätsmenge erforderlich gewesen. Es zeigte sich hier also eine sehr innige klare
Beziehung der Elektrizität zu dem chemischen Verhalten aller
Stoffe, die durch den Strom zersetzt werden. Aber es dauerte
noch 50 Jahre, bis man aus diesen Beobachtungen eine weitere wichtige Folgerung zog, und es war kein geringerer als
Helmholtz, der diesen Schluß zuerst zu bilden wagte.
Wenn es Tatsache ist, daß alle einwertigen Atome dieselbe
Ladung mit sich führen und alle zweiwertigen die doppelte ...,
so gibt es (wenigstens in der Elektrolyse) eine kleinste Elektrizitätsmenge, nämlich die Ladung eines Wasserstoffatoms,
die auch als Ladung aller anderen einwertigen Atome immer

44

wieder vorkommt, von der in den zweiwertigen Atomen das Doppelte, in den dreiwertigen das Dreifache... sich vorfindet, von der aber niemals die Hälfte oder irgendein Bruchteil beobachtet werden konnte. Das ist aber ganz dasselbe Verhalten, aus dem wir bei den Stoffen auf atomistischen Bau geschlossen haben. Wir müssen deshalb auch bei der Elektrizität auf eine atomistische Struktur schließen. Denn da bei all den verschiedenen Elementen immer dieselbe kleine Ladung auftritt, so kann der Grund für dieses Maß der Ladung nicht in den Stoffen liegen, die ja immer verschiedene sind, sondern er muß in der Elektrizität selber gelegen sein. Das heißt sie muß auch aus kleinsten Teilchen bestehen, von denen in den einwertigen Stoffen eines, in den zweiwertigen zwei... enthalten sind. Wenn wir daher soeben schon die Größe der Ladung eines Wasserstoffteilchens angegeben haben als $\varepsilon = 4{,}77 \cdot 10^{-10}$ elektrostatische Einheiten, so ist das schon die Größe dieses Elektrizitätsatoms.

Die Stromleitung in Elektrolyten.

In der folgenden Zeit wurde die Fortleitung des elektrischen Stromes durch die Elektrolyte nach allen Seiten genauer untersucht, und es ergab sich, daß der Strom durch die Flüssigkeiten in der Weise fortgeleitet wird, daß die Salze, Säuren und Laugen, wenn sie in Wasser gelöst werden, schon vor der Anlegung einer elektrischen Spannung in positiv und negativ geladene Teilchen zerspalten sind, und daß es diese geladenen Teilchen sind, die von den elektrischen Kräften durch die Flüssigkeiten getrieben werden und dadurch

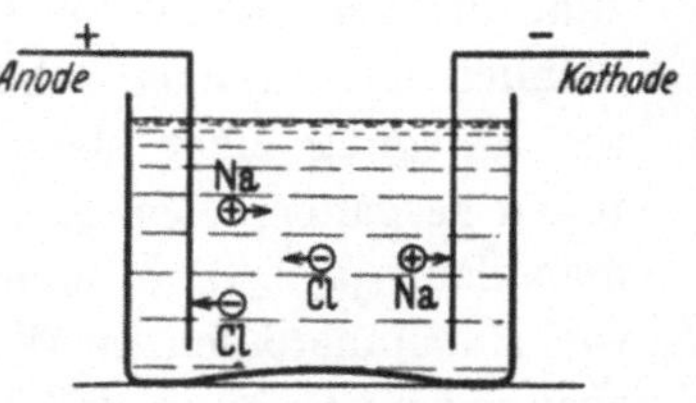

Abb. 9. Die Stromleitung in Elektrolyten besteht darin, daß + und − geladene Teilchen unter der Einwirkung der elektrischen Kräfte durch die Flüssigkeit wandern.

den elektrischen Strom bilden (Abb. 9). Dabei wandern immer die positiv geladenen Teilchen zu dem negativen Pol und die negativ geladenen wandern (an den positiven vorbei) zu dem positiven Pol. Wenn also die Wasserstoffteilchen und die Metalle immer an der Kathode abgeschieden werden, die Sauerstoff-, Chlor-...teilchen immer an der Anode auftreten, so ist das der Beweis dafür, daß die ersten immer positiv, die andern negativ geladene Teilchen bilden.

Welches diese Teilchen sind, das ist von vornherein klar bei den Elektrolyten, die wie Salzsäure HCl und Kochsalz NaCl nur aus zwei Atomen aufgebaut sind. Bei verwickelter gebauten Molekeln sind es oft mehrere Atome, die zusammengelagert und mit einer Ladung versehen durch die Flüssigkeiten getrieben werden. Man nennt diese geladenen Teilchen Ionen (die Wandernden), die an die Kathode wandern heißen Kationen, die an die Anode Anionen. Wenn die Ionen an die Elektroden selbst kommen, gleichen sie ihre Ladung mit der entgegengesetzten der Elektrode aus, worauf sie wieder ungeladene Atome darstellen und sich als solche verhalten, das heißt sie bleiben zum Teil als Gase in der Flüssigkeit und den Elektroden gelöst, der Rest steigt in Bläschenform daraus hervor. Oder die Metallteilchen lagern sich an die Metallelektroden an und bilden auf ihnen einen fest haftenden Überzug (Vernickeln, galvanisch Vergolden).

Bei diesen Erwägungen über die elektrolytische Spaltung wurde auch zum erstenmal die große Bedeutung der Elektrizität für das chemische Verhalten der Stoffe bemerkt. Als nämlich die Physiker behaupteten, daß die Elektrolyte auch vor Anlegung einer elektrischen Spannung, also immer, in Ionen gespalten seien, entgegneten darauf die Chemiker, daß man dann ja z. B. in einer Kochsalzlösung die Anwesenheit von Natriumatomen in Wasser annehmen müsse. Nun weiß aber jeder Chemiker, daß Natrium das Wasser sehr stürmisch zersetzt und daraus Wasserstoff freimacht. Ebensowenig könne man etwa die Anwesenheit des giftigen Chlorgases in einer Kochsalzlösung annehmen. Auf diese Einwände antwortete schon Hittorf, daß man keineswegs freies Natrium und freies Chlorgas in den wässerigen Lösungen annehme, sondern Natriumionen und Chlorionen, das seien Natrium- bzw. Chloratome, die aber mit einer elektrischen Ladung versehen seien. Durch eine solche elektrische Ladung könnten die Eigenschaften der freien Atome ebensogut und ebenso grundlegend geändert werden, wie durch die Verbindung eines Natriumteilchens mit einem Chlorteilchen in Wirklichkeit die Eigenschaften beider im Kochsalz sehr verändert erscheinen. Damit war also zum erstenmal die elektrische Ladung als mitbestimmend erkannt für das chemische Verhalten auch der Stoffe des periodischen Systems der Elemente.

Obwohl diese Beziehungen der Stoffe zu der Elektrizität und der atomistische Aufbau der Elektrizität damals schon klar und bestimmt ausgesprochen wurden, so fanden sie doch zunächst nur wenig Beachtung. Der Grund lag darin, daß sie bei dem Mangel an weiteren Kenntnissen auf den verwandten Gebieten tatsächlich noch kein weiteres Licht verbreiten konnten über andere bisher dunkle Verhältnisse. Das war erst der Fall, als man auch von anderer Seite her auf dieselben Folgerungen geführt wurde und dadurch ihre große Bedeutung für die ganze Körperwelt erkannte. Das war bei der Entdeckung der Kathodenstrahlen.

6. Die Kathodenstrahlen beweisen atomistische Unterteilung der Elektrizität.

Schon jeder hat einmal einen Blitz gesehen und hat gehört, daß der Blitz in einer elektrischen Entladung besteht. Die entgegengesetzten Ladungen zwischen zwei Wolken oder zwischen Wolke und Erde gleichen sich dabei aus. Man kann den Blitz im kleinen nachahmen durch Entladung einer geladenen Leidener Flasche. Dann bildet sich zwischen den beiden Drähten oder Metallkugeln im geringsten Abstand ein knallender Funke aus. Wunderschön mannigfaltig und farbenprächtig wird die Entladung in einer Röhre mit ver-

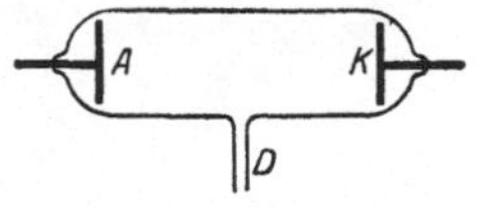

Abb. 10. Das Wesentliche einer Entladungsröhre sind Anode und Kathode.

dünntem Gas. Die ganz wesentlichen Teile einer solchen Röhre zeigt Abb. 10. Eine Glasröhre allseitig geschlossen, nur durch den Ansatz D kann die Luft ausgepumpt werden. Zwei in die Glaswände eingeschmolzene Drähte dienen der Zu- und Ab-

leitung des Stromes. Der mit dem positiven Pol der Lade-
maschine verbundene heißt auch hier die Anode A, der andere
K ist die Kathode. Die Gestalt der Röhre wie die Anordnung
der Elektroden können sehr verschieden sein, je nach dem
besonderen Zweck, dem die Röhre dienen soll.

Wenn die Luft aus der Röhre nach und nach entfernt
wird, werden die Lichterscheinungen in der Röhre mannig-
fach verändert. Man sieht erst Funken, dann Lichtbänder,
leuchtende Schichten und ganze Lichtsäulen. Die letzteren
kann man jetzt jederzeit sehen, wenn man abends durch die
Stadt geht und die langen leuchtenden Röhren besonders an
den Eingängen zu den Vergnügungsstätten betrachtet. Dieses
Leuchten geht hauptsächlich aus von den Resten des eingeschlossenen Gases. Wird die Verdünnung des Gases in den
Rohren noch weitergetrieben, so tritt das Leuchten des Gases
immer mehr zurück, und statt dessen leuchtet die Glaswand
an einer Stelle in einem grünlichen Lichte auf, das sind Wirkungen von Kathodenstrahlen.

Die Kathodenstrahlen.

Durch eine Blechplatte im Innern der Röhre kann man
leicht feststellen, daß die Wirkung auf die Glaswand von dem
negativen Pol N, also der Kathode (Abb. 11), ausgeht und daß ein Etwas geradlinig (a, b, c) von der Kathode zur Glaswand fliegt — das Kreuz in der Röhre bildet sich als scharfer Schatten auf der Glaswand ab. Dabei wird es selber negativ elektrisch geladen.

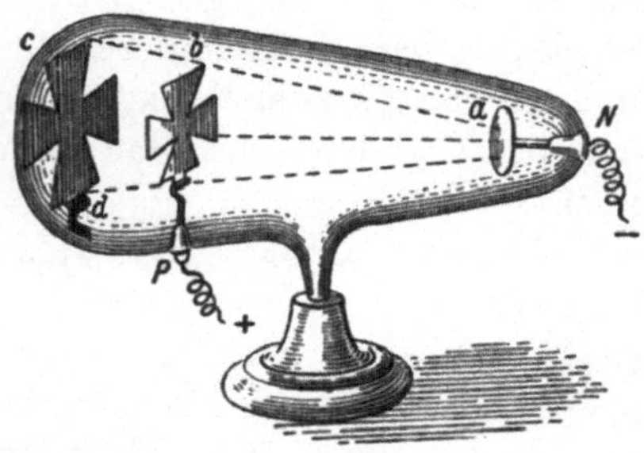

Abb. 11. Der scharfe Schatten des Kreuzes
auf der Glaswand beweist die gradlinige
Ausbreitung der Kathodenstrahlen.

Als Lenard in die Glaswand ein feines kleines Löch-
lein bohrte, das nur mit einem dünnen Stanniolblättchen verschlossen, dem Luftdruck standhielt, fand er, daß die Kathodenstrahlen durch das dünne Blättchen hindurchgehen in die

freie Luft. Dort üben sie auf die Luftteilchen, d. h. auf die
Sauerstoff- und Stickstoffmolekeln der Luft, eine Wirkung
aus, die wir auch Ionisation nennen. Sie erzeugen in der Luft
zahlreiche positiv und negativ geladene Teilchen (auch hier
Ionen genannt) und machen dadurch die Luft in ähnlicher
Weise zu einem Leiter der Elektrizität, wie das Wasser es
wurde durch die eingebrachten Salze und Laugen und Säuren. Wenn dann ein elektrisch, etwa positiv geladenes Elektroskop in diesen Raum gebracht wird, so werden die negativen Teilchen angezogen, sie vereinigen sich mit der positiven
Ladung des Elektroskops und machen dadurch dieses ungeladen. Aus der Geschwindigkeit der Entladung kann man
dann schließen auf die Menge der vorhandenen Ionen und
auf die Stärke der Kathodenstrahlen, die diese Ionisation
verursacht hatten.

Diese Ionisation ist ein gewaltsamer Vorgang. Wir wissen
heute, daß es dazu eines Zusammenstoßes der Kathodenstrahlteilchen mit den Luftmolekeln bedarf. Darum werden
auch die Kathodenstrahlen in der freien Luft stark gebremst,
sie verlieren ihre gerade Richtung wie auch ihre Geschwindigkeit nach einer kurzen Wegstrecke in der Luft.

Wenn man in einer Röhre (Abb. 12) zwei Blenden mit
kleinen Löchern anbringt, so kann nur ein scharf begrenzter
Strahl die Glaswand erreichen.
Man sieht dann seinen Einschlag *A* auf der gegenüberliegenden Stelle der Glaswand als Bild der Blende.
Wenn man dann aber ober-
halb und unterhalb des
Strahls Blechplatten *P P'* anbringt und etwa oben nega-

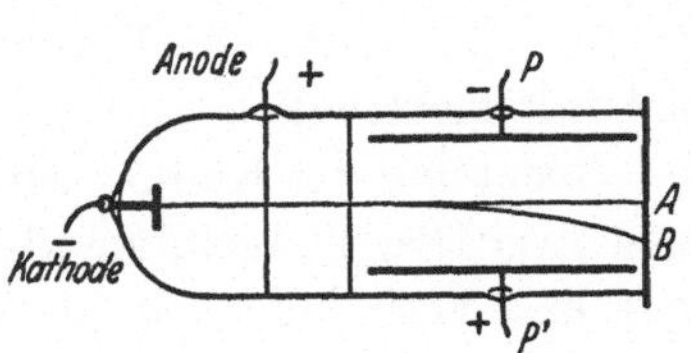

Abb. 12. Die Ablenkung durch geladene Platten zeigt die negative
Ladung der Kathodenstrahlen.

tiv, unten positiv auflädt, so sieht man das Lichtfleckchen
sich nach unten verschieben, um so mehr, je höher die
Ladung der beiden Platten ist, woraus wieder hervorgeht, daß
es ein negativ geladenes Etwas ist, das von der Kathode abgestoßen wird. Ebenso lenkt ein hufeisenförmiger Magnet,
dessen Nordpol vor die Röhre gehalten wird, während der

Südpol dahinter liegt, den Lichtfleck nach unten ab. Vertauschen der Vorzeichen der geladenen Platten oder der Pole des Magneten bewirkt eine Umkehrung der Ablenkungsrichtung des Flecks.

Da in der Elektrolyse mit einem Strom immer körperliche Teilchen fortgeleitet werden, konnte man auch hier vermuten, daß etwa Teilchen des noch eingeschlossenen Gases negativ geladen auf die Wand fliegen. Wenn das aber nicht der Fall sein sollte, so hätte man hier etwas ganz Neues vor sich, das die Forscher um so mehr herausforderte. Vor allem war man bemüht, so etwas wie ein Atomgewicht der Strahlung zu finden. Das gelang schließlich mit Hilfe der Ablenkung. Denn wenn wir uns einen Augenblick denken, die Teilchen hätten alle dieselbe Geschwindigkeit und dieselbe elektrische Ladung, so müßte die Ablenkung um so kleiner sein, je schwerer die Teilchen wären. Aber wir erkennen auch sogleich, daß nicht die Schwere der Teilchen allein die Ablenkung verringerte. Sie war auch um so kleiner, je schneller die Teilchen die Strecke zwischen den Platten durchflogen, also je größer ihre Geschwindigkeit war, und sie war wieder um so kleiner, je kleiner die elektrische Ladung der einzelnen Teilchen war. Da also drei unbekannte Größen hier mitbestimmend waren, so konnte nur eine mehrfache Beobachtung Aufschluß geben. Eine solche mehrfache Bestimmung gelang, indem man einmal mit elektrischen und einmal mit magnetischen Kräften die Ablenkung des Kathodenstrahls bewirkte. Dadurch erhielt man zwei Gleichungen, aus denen man die Geschwindigkeit v und das Verhältnis ε/m der Ladung zur Masse des Teilchens ermitteln konnte. Für Leser, die sich vor der kleinen Rechnung nicht scheuen, sind sie mitgeteilt im Anhang am Schluß des Büchleins.

Zunächst ergab sich die Geschwindigkeit v der Teilchen. Sie war bei den verschiedenen Beobachtungen nicht gleich, hing vielmehr ab von der Stärke der elektrischen Spannung zwischen Anode und Kathode, und war bei den leicht mit Influenzmaschinen zu erreichenden Spannungen von der Größenordnung $^1/_{10}$ bis $^1/_3$ der Lichtgeschwindigkeit. Das ist immerhin eine sehr große Geschwindigkeit. Sie würde das

5o

Teilchen im Höchstwert in 1 Sekunde 1—2 mal um die ganze Erde bringen. Später sind noch viel größere Geschwindigkeiten gemessen worden, die schließlich bis nahe an die Lichtgeschwindigkeit herankamen.

Der Wert von ε/m ist von noch größerer Bedeutung, denn er geht auf die Verhältnisse des Teilchens ein, die nicht von den äußeren Kräften abhängen. In der Tat zeigte sich der Wert von ε/m zunächst als unveränderlich, solange man nicht zu sehr großen Geschwindigkeiten gekommen war. Dadurch schon wurde klar, daß man hier nicht ein zufällig mit irgendeiner Ladung versehenes Ding vor sich hatte, sondern ein feststehendes Gebilde mit einer elektrischen Ladung ebenfalls von bestimmtem Wert.

Aber noch auffallender war der Zahlenwert der Größe ε/m. Er erwies sich als $\varepsilon/m = 177 \cdot 10^6$ Coulombs. Vergleicht man das mit dem früher gefundenen Wert ε/m für das Wasserstoffion bei der Elektrolyse 96 500 Coulombs, so ist die neue Zahl fast 2000 mal größer. Vermutlich wird der Leser hier stutzen und nachdenken, ob dieser Vergleich denn einen Sinn hat. Die frühere Zahl wurde ermittelt durch Messung der Elektrizitätsmenge ε, die eine größere Masse Wasserstoff von m Gramm zur Abscheidung bringt. Durch Division bildeten wir ε/m. Hier handelt es sich um die Ladung ε und die Masse m *eines einzelnen* Kathodenstrahlteilchens. Wir sagten aber schon auf S. 43, daß diese Zahl 96 500 Coul./g für große und kleine Wasserstoffmengen gleich gefunden wird nach dem ersten Faradayschen Gesetz. Da bei kleineren Mengen Zähler ε und Nenner m gleichmäßig kleiner werden, so finden wir auch denselben Wert, wenn wir nur sehr kleine Wasserstoffmengen ausscheiden, auch wenn es nur 100 Atome sind, und daher auch, wenn es nur 1 Atom ist. Der gefundene Wert für ε/m beim Wasserstoff bleibt also auch gültig für die Ladung und Masse eines einzigen Wasserstoffatoms. Wir können ihn daher wohl vergleichen mit dem Wert ε/m für ein einzelnes Kathodenstrahlteilchen.

Wenn das letztere einen 2000 mal größeren Wert ε/m hat, so kann das nur daher kommen, daß entweder ε, die Ladung, 2000 mal größer ist als die Ladung des Wasserstoffions oder aber, daß m, die Masse, 2000 mal kleiner ist. (Denkbar sind allerdings auch noch Zwischenwerte, z. B. daß die Ladung ε etwa 200 mal größer ist und die Masse m 10 mal kleiner als das Wasserstoffatom.) Eine so große Ladung von 2000 Einheiten des H-Ions zu einem Teilchen vereint ist von vornherein unwahrscheinlich, denn die elektrische Ladung würde wie bei einer hochaufgeladenen Leidenerflasche sogleich auseinanderspritzen. Wenn aber die Ladung nicht so groß ist, dann folgt sofort, daß die Masse m kleiner ist als das Wasserstoffatom.

Das ist nun eine Frage von der größten Bedeutung. Denn das Wasserstoffteilchen war bisher das kleinste körperliche Gebilde, das wir kannten, der Grundstoff in unserm periodischen System. Wenn es noch kleinere, vielleicht sogar wesentlich, 2000 mal kleinere Gebilde gibt, so stehen wir vor einem neuen Abschnitt der Naturforschung, dann reicht der Rahmen des periodischen Systems, der bisher unsere ganze Körperwelt umspannte, nicht mehr aus für dieses neue Gebilde. Wir sind dann bei unserem Durchforschen des Gebäudes der Körperwelt auf ein ganz neues Stockwerk gestoßen.

Das Elektron.

Es war daher eine Frage von der allergrößten Bedeutung, den Betrag ε oder die Masse m eines Kathodenstrahlteilchens nicht bloß in ihrem Verhältnis ε/m, sondern dem wahren Wert nach zu erfahren. Den Betrag von m zu finden, erschien außerordentlich schwer. Mußte man doch darauf gefaßt sein, daß er noch wesentlich kleiner wäre als 1 H-Atom, dessen Masse man nur mit größter Schwierigkeit hatte ermitteln können. Eher war daran zu denken, die Größe ε zu finden, da die elektrischen Ladungen sich durch ihre Kräfte immer stark bemerklich machen. Nach verschiedenen Messungen anderer Forscher fand der Amerikaner Millikan ein sehr anschauliches und genaues Verfahren.

Bestimmung von ε durch Millikan. Wenn ein Sonnenstrahl durch eine Ritze des geschlossenen Fensterladens ins Zimmer dringt, kann man eine ganze Wolke von Staubteilchen sehen, die in der Zimmerluft zu schweben scheinen. In Wirklichkeit fallen sie nur sehr langsam und werden in der freien Luft gelegentlich durch aufwärts gerichtete Luftströmungen auch wieder mit hochgerissen. Aber in einem geschlossenen kleinen Käfig fallen sie nur langsam zu Boden. — Mit einem sogenannten Zerstäuber kann man leicht eine ganze Wolke feiner Flüssigkeitströpfchen herstellen, die dann wie ein feiner Nebel auch in der Luft schweben und langsam fallen. Auf diese Weise verschaffte sich Millikan feine kleine Öltröpfchen, von denen er eines durch die kleine Öffnung O (Abb. 13) in der Platte P in den Raum zwischen den beiden Platten P und P' fallen ließ. Die Platten waren rings von einem Hartgummiring umgeben, der nur zwei Öffnungen hatte, die aber mit Glasplättchen verschlossen waren; die eine

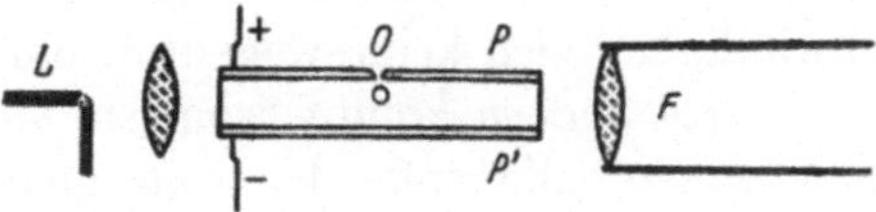

Abb. 13. An dem geladenen Öltröpfchen O konnte Millikan das Elektrizitätsatom messen.

diente zum Einlassen des Lichtes einer Bogenlampe L, durch welches das Tröpfchen scharf beleuchtet wurde. Die andere gestattete die Beobachtung des Tröpfchens mit einem kleinen Fernrohr F. So war das Tröpfchen in einem Käfig eingeschlossen, in dem alle Luftströmungen sorgfältig unterdrückt waren. Dann sah man, wie das Teilchen langsam und gleichmäßig zu Boden fiel, und indem man die Zeit bestimmte, die es brauchte, um an zwei festen Marken im Fernrohr vorbeizufallen, konnte man sich über die Geschwindigkeit des Tröpfchens Gewißheit verschaffen. Ließ man nun elektrische Ladungen in den Raum eindringen, so wurde auch das Tröpfchen (beispielsweise negativ) elektrisch geladen. Und wenn man dann die untere Platte P' negativ auflud mit Hilfe einer Batterie (man denke an eine oder mehrere Anodenbatterien), so wurde nun das Tröpfchen durch die elektrischen Kräfte aufwärts getrieben. War die elektrische Kraft sehr schwach, so fiel das Tröpfchen nur langsamer; war sie stark, so bewegte es sich sogar aufwärts, und bei einer bestimmten Ladung konnte das Teilchen stundenlang an derselben Stelle schwebend gehalten werden, wenn die Schwere und die elektrische Kraft gerade einander entgegengesetzt gleich waren. Nun konnte die elektrische Ladung durch neue Bestrahlung beliebig vermehrt werden. Dann war auch die Geschwindigkeit des Tropfens jedesmal geändert. Es zeigte sich auch, daß das Tröpfchen gelegentlich einen Teil seiner Ladung an die Luft verlor oder auch aus ihr empfing, wenn es gerade mit einem geladenen Luftteilchen zusammenstieß. Jedesmal änderte sich die Geschwindigkeit des Tröpfchens. Je kleiner nun die Änderung der Tropfenladung war, desto kleiner mußte auch die Änderung der Geschwindigkeit sein. Und einer gleichen Änderung der Geschwindigkeit mußte eine gleiche Änderung der Ladung entsprechen. Die Beobachtung zeigte, daß die Geschwindigkeit sich keineswegs um sehr kleine oder beliebig kleine Werte ändern konnte, sondern sie ergab nur ruckweise Änderungen, alle entweder vom gleichen Betrag oder vom doppelten, dreifachen ... Betrag. Es ergaben sich sogar Unterschiede bis zum hundertfünfzigfachen Betrag, aber immer waren sie ein ganzzahliges Vielfaches der kleinsten Stufe. Daraus folgte dann, daß auch die elektrische Ladung des Öltröpfchens bei allen Versuchen nur immer um ein ganzzahliges Vielfaches eines kleinsten Betrages geändert worden war.

Mit Hilfe der Theorie über die Reibung kleiner fallender Teilchen in Luft konnte Millikan dann auch die Größe dieser kleinsten elektrischen Ladung berechnen. Es ergab sich

$$\varepsilon = 4{,}77 \cdot 10^{-10} \text{ elektrostatische Einheiten.}$$

Das war merkwürdigerweise ganz derselbe Wert, den wir auch für die Ladung eines Wasserstoffions gefunden hatten. Es liegt demnach folgender Tatbestand vor. Das Verhältnis ε/m ist für Kathodenstrahlteilchen nahezu 2000 mal größer als für ein Wasserstoffatom. Aber die Zähler ε sind in beiden Brüchen dieselben, daher kann der Unterschied nur davon herkommen, daß die Nenner verschieden sind, und zwar muß der Nenner m, die Masse des Kathodenstrahlteilchens, 2000 mal kleiner sein als die Masse des Wasserstoffions. Dann ist das Kathodenstrahlteilchen kein Gebilde unseres periodischen Systems der Elemente mehr, dann ist es etwas ganz Neues, etwas wesentlich, um eine ganze Größenordnung Kleineres als das kleinste Teilchen unseres bisherigen Systems. Das „Elektron" ist folglich das kleinste Gebilde unserer körperlichen Welt, mit einer verschwindend kleinen Masse versehen, aber zugleich mit der ungeheuer großen Kraft, die ihm seine Ladung verleiht.

Wenn uns diese Ladung auch sehr klein vorkommt, so können wir doch die Größe ihrer Wirkung verstehen, wenn wir sie mit andern Kräften vergleichen. Um uns das noch besser klarzumachen, wollen wir einmal die Kraft berechnen, die zwei Wasserstoffatome im Abstand von 1 cm aufeinander ausüben, einmal nach dem Gesetz von der allgemeinen Massenanziehung und dann unter der Annahme, daß ein positiv mit dieser Menge ε geladenes H-Ion sich mit einem anderen gleichgeladenen H-Ion abstoße. Im letzten Fall ist die Abstoßung mehr als 10^{36}mal größer als die Anziehung durch die allgemeine Massenanziehung.

Bevor man aber mit aller Sicherheit die Behauptung aufstellen darf, daß unser Elektron wirklich „*das Elektrizitätsatom*" ist, mußte man nun den Nachweis führen, daß es überhaupt keine elektrische Ladung gibt, die nicht durch das Elektron und seine Anhäufung zustande gekommen wäre. Dieser Beweis ist in aller nur denkbaren Form erbracht. Die Ionen in der Elektrolyse sind mit Elektronen beladen oder eines oder mehrerer Elektronen beraubt, wenn sie positiv geladen sind. Die Kathodenstrahlteilchen sind Elektronen. — Durch die Drähte unserer Dynamomaschinen, unseres Telephons, durch die Fernleitungsdrähte für Licht- oder Kraft- oder Sprechströme bewegen sich Elektronen mit großer Geschwindigkeit. Ein glühender Draht sendet Elektronen aus, und in den Röhren unserer Radiogeräte wie in den großen Röntgenröhren in den Krankenhäusern sind es freie, durch den Raum fliegende Elektronen, die den Strom aufrecht halten. Auch die Ionisation der Gase besteht darin, daß zuerst ein Elektron aus dem Verbande einer Gasmolekel herausgeschlagen wird, wodurch der Rest positiv geladen zurückbleibt. Das Elektron lagert sich dann an eine andere ungeladene

Molekel an und macht diese dadurch zu einem negativ geladenen Ion. Kurz, es gibt keine elektrische Erscheinung irgendwelcher Art, die nicht von angesammelten oder bewegten Elektronen verursacht würde. Wir haben in den Elektronen also wirklich die Elektrizität in Reinkultur vor uns, unbeschwert durch irgend etwas aus der ganzen Stoffwelt, ein zwar körperliches Gebilde, das aber nicht zu den 92 Elementen unseres periodischen Systems der Elemente gehört.

Seine Rolle scheint viel größer zu sein. Die Elektrizität ist in der Welt sozusagen überall im Spiele. Die Blitze zeigen uns, daß sie in der Luft zugegen ist. In der Elektrolyse sahen wir, wie sie in den Lösungen vieler Stoffe ganz von selbst sich einstellt und in innigem Zusammenhang mit der chemischen Wertigkeit steht. Alle Körper überhaupt können wir elektrisieren. Wenn wir nur mit der Hand über ein Blatt Papier streichen, wenn wir nur einmal mit dem Kamm durch das Haar fahren oder mit der Bürste über das Kleid, so ist es nicht schwer, zu zeigen, daß dabei ganz beachtliche Mengen einer elektrischen Ladung erzeugt werden. Nach alledem dürfen wir jetzt schon vermuten, wenn das Elektron auch kein gewöhnliches Mitglied des Systems der Elemente ist, so ist es doch wahrscheinlich noch viel mehr. Es könnte so etwas wie das Losungswort sein, das allen Elementen den Eintritt in die Räume des Systems eröffnet, oder wie eine Platzkarte, die ihnen ihre Stellung anweist. Genauer können wir das jetzt noch nicht sagen. Es zu finden, war seit der Entdeckung des Elektrons das eifrigste Bestreben der Naturforscher. Inzwischen wollen wir uns die wichtigsten Eigenschaften des Elektrons noch kurz zusammenstellen. Seine Ladung beträgt

$$\varepsilon = 4{,}77 \cdot 10^{-10} \text{ elektrostatische Einheiten.}$$

Da sich seine Masse als ungefähr 2000 (genauer 1850) mal kleiner erwiesen hat als die Masse des Wasserstoffatoms, so müssen wir sie angeben zu (vgl. S. 29)

$$m = 1{,}66 \cdot 10^{-24} / 1850 = \text{nahezu } 9{,}0 \cdot 10^{-28} \text{ Gramm.}$$

Es ist das kleinste körperliche Gebilde.

Schließlich gelang es sogar, in gewissen theoretischen Überlegungen, die hier nicht auseinandergesetzt werden können, einen Anhaltspunkt zu finden für die Ausdehnung des Elektrons. Daraufhin konnte man den Halbmesser angeben zu etwa $3 \cdot 10^{-12}$ mm. Das heißt also, teile ein Millimeter in Millionen Teile, nimm eines von diesen Teilchen und teile es nochmal in Millionen Teile, 6 von diesen kleinsten Ausdehnungen kommen dem Durchmesser des Elektrons gleich.

Alle diese Größen sind für unsere Vorstellung unerreichbar. Daß vor allem die elektrischen Ladungen verhältnismäßig sehr hoch sind, geht schon aus dem oben mitgeteilten Vergleich der elektrischen Kraft mit der Schwerkraft hervor.

Noch in anderer Weise können wir uns das näherbringen, wenn wir annehmen, daß dieselben Gesetze, die wir als gültig für große Körper erkannt haben, auch noch für dieses kleinste Gebilde gültig bleiben. Dann können wir fragen, wie hoch denn eine Kugel von dem Ausmaß des Elektrons durch diese Elektrizitätsmenge aufgeladen würde. Es ergibt sich dafür nach der Formel $\varepsilon/r = 1600$ elektrostatische Einheiten oder nahezu 500 000 Volt, eine Spannung, die wir auf kleinen Kugeln gar nicht aufrecht halten können. Wenn diese von Luft umgeben wären, würde die Ladung sich sofort unter Bildung von Funken in die Luft zerstreuen.

Hier kann sich die Ladung nicht zerstreuen, da sie ja das unteilbare Elektrizitätsatom sein soll.

Die Masse des Elektrons.

Bevor wir diesen Abschnitt beschließen, ist doch noch von einer großen Überraschung zu berichten, die man bei der weiteren Untersuchung des Elektrons erlebte. Die Bestimmung des Wertes von ε/m für das Elektron führte nämlich doch nicht bei allen Forschern zu demselben Wert, trotz sehr sorgfältiger Arbeit. Und bald erkannte man, daß der Wert abhänge von der Geschwindigkeit v, welche die Kathodenstrahlteilchen durch die elektrische Spannung zwischen der Kathode K und der Anode A erhalten hatten. Bei Geschwindigkeiten, die nicht größer waren als etwa 10% der Lichtgeschwindigkeit stimmten die Werte befriedigend miteinander überein, aber dann wurden sie mit zunehmender Geschwindigkeit immer kleiner. Und da man nicht annehmen konnte, daß der Wert des Elektrizitätsatoms ε kleiner wurde, so ergab sich als einzige Möglichkeit, daß die Masse m mit der Geschwindigkeit größer werde. Das heißt soviel als, die Trägheitswirkung der Elektrizitätsatome ist bei größerer Geschwindigkeit größer. Aus dem Verlauf der Änderung mußte man sogar schließen, daß, für den Fall v der Lichtgeschwindigkeit nahe komme, der Wert von m schließlich größer werde als alle endlichen Maße. Wir sagen dann, die Masse wird unendlich groß bei der Geschwindigkeit des Lichtes. Diese Entdeckung bildete eine der Grundlagen für die Folgerung, daß auch die Relativitätstheorie sich in der Kleinwelt auswirke, sie gehört deshalb in das Gebiet, wo sich zeigte, daß unsere bisherigen Auffassungen über die Körperwelt in gewissen Punkten einer Ergänzung und Verbesserung bedürftig sind. Da sie auf unsere weiteren Ausführungen keinen Einfluß haben werden, können wir in diesem Bändchen nicht näher darauf eingehen [1].

A n o d e n s t r a h l e n.

Man hat sich schließlich gefragt, ob nicht von der Anode einer solchen Röhre etwas Ähnliches ausgehe, wie die Kathodenstrahlen, aber positiv geladen, das man also Anodenstrahlen nennen müßte. Das war wirklich der Fall, aber die Untersuchung zeigte bald, daß es nur positiv geladene Gasteilchen waren, die uns deshalb für unsere Fragen an sich nichts Neues bringen. Später aber werden wir diese positiv geladenen Gasteilchen doch zu sehr wichtigen Versuchen verwenden. Die Gasteilchen bestanden zuweilen aus einfachen Atomen, zuweilen aber auch aus Molekeln wie HCl Salzsäure; ihre positive Ladung war an Größe immer dem negativen Elektrizitätsatom oder einem ganzzahligen Vielfachen desselben gleich. Da man aber positive Elektrizitätsatome als Gegenstück zu den Elektronen bis dahin nicht gefunden hatte, so nahm man an, daß die positive Ladung als Verlust eines oder mehrerer Elektronen zu deuten sei.

---

[1] Näheres darüber in Bd. 14 dieser Sammlung: L. Hopf, Die Relativitätstheorie S. 27 f.

7. Die Radioaktivität gibt wesentlich neue Auskünfte über den Bau der Atome.

Diese Untersuchungen sollten eine Weiterentwicklung finden durch eine große Reihe von Entdeckungen, die in ihrem Verlauf unsere Kenntnisse über die Körperwelt in einem ungeahnten Ausmaß mit ganz neuartigen Vorstellungen bereicherten. Bekanntlich hat Röntgen im Dezember 1895 seine so berühmt gewordenen Strahlen entdeckt. Bei dem Versuch, solche Strahlen auch einfach aus den fluoreszierenden Mineralien zu gewinnen, fand man tatsächlich Steine, die immerfort Strahlen aussandten, ohne daß ein Mensch etwas dazu tun mußte oder konnte. Bald aber zeigte sich, daß diese Strahlungen nur zufällig an den fluoreszierenden Stoffen zuerst beobachtet waren. In Wirklichkeit hatte man es hier zu tun mit den ersten Wirkungen eines neuartigen, bisher unbekannten Stoffes, des Radiums, das in ganz geringen Spuren in diesen Gesteinen enthalten war. Es wird sich empfehlen, wenn wir hier einen Augenblick dabei verweilen, uns mit den wichtigsten Eigenschaften dieses neuen Stoffes bekannt zu machen. Wir werden dann schon von selbst zu unserer Hauptfrage nach den Bausteinen der Welt zurückgeführt werden.

Zuerst seien kurz die Mittel angeführt, die man hat, um diese Strahlen zu untersuchen. Es sind besonders drei. Vor allem haben auch diese Strahlen, wie die Kathoden- und die Röntgenstrahlen, die Eigenschaft, daß sie die lichtempfindliche Platte schwärzen. Die ersten Entdeckungen des Radiums geschahen ja in der Weise, daß man eine lichtempfindliche Platte in dichtes schwarzes Papier einwickelte (Abb. 14) und Stücke der fraglichen Gesteine darauf legte. Nach einiger Zeit fand man die Stellen der Platte unter den Gesteinen geschwärzt.

Zweitens können diese Strahlen wie ebenfalls die Kathodenstrahlen gewisse Stoffe zum Aufleuchten bringen. Hier ist es vor allem die Sidotblende ZnS, die sich als besonders wirksam erweist. Sei R (Abb. 15) eine kleine Menge eines Radiumsalzes und S eine Scheibe, die mit Sidotblendekristallen bedeckt ist. Durch ein starkes Vergrößerungsglas schaut

man auf den Schirm. Dann gewahrt man bei ausgeruhtem
Auge im vollständig dunklen Raum ein wunderbares Aufleuchten und Flimmern auf dem Schirm, wie wenn man ein
Stück des leuchtenden Sternhimmels betrachtete. Um dieses
wunderbare Spiel zu sehen, braucht man nur die wirksamen
Stellen eines Leuchtzifferblatts im ganz dunklen Zimmer mit
einem starken Vergrößerungsglas zu betrachten.

Das dritte Verfahren, das hauptsächlich zur *Messung* des
Gehalts eines Stoffes an Radium diente, beruht auf einer
dritten Eigenschaft der Strahlen, daß sie nämlich die Luft
ebenfalls ionisieren; d. h. sie erzeugen in der durchstrahlten
Luft positiv und negativ geladene Teilchen. Sei z. B. der Tel-
ler T mit einer radiumhaltigen Erde bedeckt, so wird die Luft

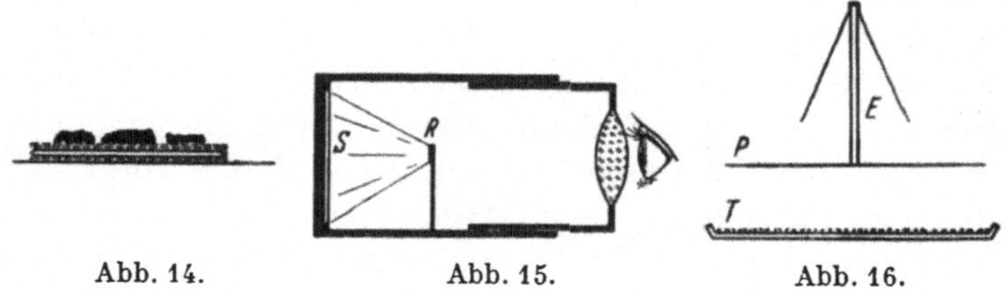

Abb. 14.   Abb. 15.   Abb. 16.

Abb. 14. Die Strahlen der rodioaktiven Stoffe dringen durch lichtdichtes
Papier und schwärzen die lichtempfindliche Platte.

Abb. 15. Die auftreffenden Radiumstrahlen lassen die Sidotblende aufleuchten.

Abb. 16. Radiumstrahlen machen die Luft elektrisch leitend.
Das Elektroskop E verliert seine Ladung.

zwischen den Platten P und T leitend. Und wenn mit P ein
Elektroskop E verbunden ist, wie Abb. 16 es andeutet, so wird
das mehr oder weniger rasch entladen, je nach der Stärke des
Radiumgehaltes. Mit dem letzten Verfahren kann man sich
sehr schnell ein Urteil über die Stärke eines radiumhaltigen
Gesteins verschaffen, es hat dann auch bei der Darstellung
des Radiums aus „Pechblende" eine ausschlaggebende Rolle
gespielt.

Die Radiumstrahlen.

Man untersuchte zuerst die rätselhaften *Strahlen.* Nachdem
sich schon gezeigt hatte, daß sie, wie die Röntgenstrahlen, die

60

Luft ionisieren und die lichtempfindliche Platte schwärzen
und auch in gewissem Grade undurchsichtige Körper durchdringen, fragte man sich, ob sie auch, wie die Kathodenstrahlen, aus elektrisch geladenen Teilchen bestehen. Wenn
ja, dann mußten sie durch elektrische und magnetische
Kräfte beeinflußt, je nach der Richtung dieser Kräfte, beschleunigt und verzögert oder abgelenkt werden. Da eine Ablenkung durch die Einschlagstellen leichter und genauer zu
beobachten war, wählte man sie zur Prüfung. Wenn man in
dem Körnchen R (Abb. 17) ein solches
wirksames Stückchen Pechblende hat und
durch die Wände des Bleiklotzes P Strahlen
einer Richtung aussondert, so erhält man
auf einer lichtempfindlichen Platte einen
Fleck, der die Einschlagstelle der Strahlen
bezeichnet. Wenn man dann rechts und
links wieder zwei Metallplatten anbringt,
die — und + geladen sind, dann müssen
die Strahlen, wenn sie auch negative Ladung
mit sich führen, nach links, wenn positive,
nach rechts abgelenkt werden. Sind sie aber
ungeladen, so werden sie nicht beeinflußt
und gehen wie vorher geradeaus. Da bewegte
elektrische Ladungen auch immer einen elek-

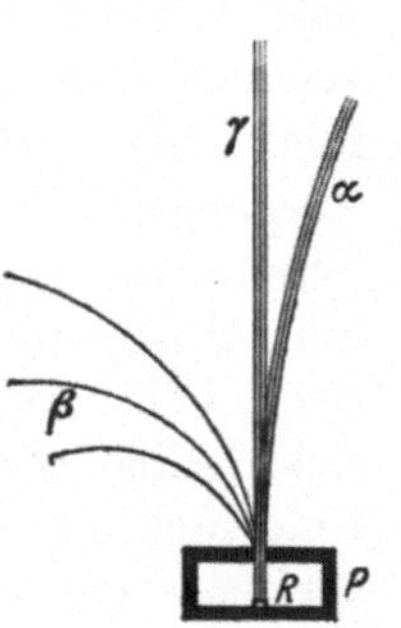

Abb. 17. Elektrische
und   magnetische
ablenkende Kräfte
zeigen drei Arten
von Strahlen an.

trischen Strom darstellen, so müssen sie durch magnetische
Kräfte ebenfalls abgelenkt werden. Man machte die Versuche
und erhielt die in Abb. 17 angedeuteten drei Wege. Der eine geht
geradeaus, als wenn keine ablenkende Kraft vorhanden wäre,
ein zweiter ist nach rechts abgebogen, nicht sehr stark, und
ein dritter führt fast in Kreisbahn nach links hinüber. Man
mußte also schließen, daß es drei verschiedene Arten von
Strahlen waren, die aus der Pechblende kamen. Die einen
waren positiv, die andern negativ, die dritten gar nicht geladen. Als man dann das Steinchen nur mit einem dünnen
Stanniolstückchen, wie es zum Einpacken von Schokolade und
Zigaretten verwandt wird, zudeckte, verschwanden die positiv geladenen nach rechts abbiegenden Strahlen spurlos. Die
andern blieben unverändert bestehen. Aber durch ein Stück

Blech von 1—2 mm Dicke, etwa ein Zweipfennigstück, wurden auch die negativen Strahlen ausgelöscht. Die ungeladenen aber gingen auch durch diese Schicht hindurch und konnten erst durch viel dickere Bleiplatten von mehreren Zentimetern langsam ausgelöscht werden. Man hatte also deutlich verschieden drei Arten von Strahlen vor sich, die man nach dem griechischen Alphabet Alpha-, Beta- und Gammastrahlen nannte.

Die Alphastrahlen. Bekanntlich hatte sich das Ehepaar Curie daran gegeben, die eigentlich wirksamen Bestandteile aus der Pechblende herauszusuchen und zu sammeln. Sie hatten sogleich zwei Stoffe gefunden, die als Ausgangspunkte zu bezeichnen waren, das Radium und das Polonium. Radium sandte alle drei Strahlenarten aus, Polonium nur Alphastrahlen. Man konnte also die Alphastrahlen für sich allein untersuchen. Und durch Anwendung derselben elektrischen und magnetischen Ablenkung, die man bei der Untersuchung des Elektrons angewandt hatte, fand man auch für die Alphastrahlen die Geschwindigkeit v und das Verhältnis ε/m. Die Geschwindigkeit ergab sich verschieden für die Strahlen verschiedener Herkunft (ob Radium oder Polonium). Sie war aber recht beträchtlich, nämlich gegen $^1/_{20}$ der Lichtgeschwindigkeit bei den langsamsten bis gegen $^1/_{10}$ der Lichtgeschwindigkeit bei den schnellsten Alphastrahlen. Die langsamsten würden bei freier Bewegung in 1 Sekunde vom Nordpol bis über den Äquator, die schnellsten bis über den Südpol gelangen. In Luft stoßen sie aber mit den Molekeln derselben zusammen und laufen sich dabei nach kurzer Strecke tot, die langsamsten haben kaum 3 cm Reichweite, die schnellsten etwa 8 cm. In verdünnter Luft gelangen sie entsprechend weiter. Bei diesen Zusammenstößen mit den Molekeln des Stickstoffs und des Sauerstoffs wird die Luft ebenfalls ionisiert. Das Ionisierungsvermögen der Alphateilchen ist besonders stark. Die Gesamtzahl der von einem Alphateilchen erzeugten Ionenpaare (ein positiv und ein negativ geladenes Ion) ist größer als 100000 bei den langsamsten und erreicht 300000 bei den schnellsten Alphateilchen. Bei diesen zahlreichen Zusammenstößen verlieren sie dann schnell ihre Geschwindigkeit und damit ihre Fähigkeit, weitere Molekeln zu zerschlagen.

Wichtiger war wieder die Bestimmung von ε/m bei den Alphateilchen, weil sie etwas Genaueres über die Natur der Teilchen erkennen ließ. Der Wert von ε/m ergab sich gerade halb so groß als bei den Wasserstoffatomen in den elektrolytischen Versuchen. Wenn wir daran festhalten, daß ε wenigstens gleich der Ladung eines Elektrons sein wird (aber positiv), so würde daraus folgen, daß die Masse der Alphateilchen $m = 2$ Wasserstoffatomen wäre. Ein Stoff mit dem Atomgewicht 2 ist aber in unserm System nicht enthalten. Man untersuchte darum auch hier genauer den Wert ε. Es gelang das dadurch, daß man einmal die Zahl der Alphateilchen, die von einem radioaktiven Stoff ausgehen, bestimmen konnte. Wir werden das Verfahren noch in diesem Abschnitt besprechen. Andrerseits konnte man auch die Gesamtladung der Strahlen messen, indem man sie auf eine isolierte Platte fallen ließ, die mit einem Elektroskop verbunden war. Wenn die Zahl der Teilchen z war und die Gesamtladung Q, so ist Q/z die Ladung eines Teilchens. Man fand so, daß die Ladung eines Alphateilchens immer gleich der Ladung von zwei Elektronen ist. Wenn dann der Wert von ε/m halb so groß gefunden wurde wie beim Wasserstoff, obwohl der Zähler des Bruches doppelt so groß ist wie dort, so konnte das nur so erklärt werden, daß der Nenner 4mal so groß ist als beim Wasserstoff. Es muß also das Atomgewicht des Alphateilchens gleich vier sein.

Die Betastrahlen erwiesen sich durch die Ablenkung sogleich als negativ elektrisch geladen. Sie hatten ein größeres Durchdringungsvermögen, denn sie gingen durch dünne Blechscheiben hindurch und in Luft hatten sie eine etwa 100mal größere Reichweite als die Alphateilchen. Dabei zerschlugen sie ebenfalls die Luftmolekeln und erzeugten positiv und negativ geladene Trümmer auf ihrem Weg. Die Zahl der Luftionen war aber für 1 Teilchen und 1 cm Weg etwa 100mal kleiner als bei den Alphateilchen. Die Bestimmung von v und ε/m erfolgte wieder ganz in derselben Weise wie bei den Kathodenstrahlen, durch Ablenkung mit elektrischen und magnetischen Kräften. Das Ergebnis war, daß die Geschwindigkeit noch größer ist als bei den Alphateilchen und in einigen Strahlen bis ganz nahe an die Geschwindigkeit des Lichtes herankommt. Das sind 300000 km/sek. Sie würden in 1 Sekunde mehr als 7mal um die ganze Erde kommen. Der Wert von ε/m ergab sich gerade so groß wie bei den Kathodenstrahlteilchen, und da die Ladung ebenfalls negativ ist, so haben wir in den Betateilchen einfach Elektronen vor uns, die also von den radioaktiven Stoffen mit großer Geschwindigkeit herausgeschleudert werden. Auch durch die Massenzunahme mit zunehmender Geschwindigkeit, wie sie eben von den Kathodenstrahlen erwiesen war, konnten die Betastrahlen als echte, schnell bewegte Elektronen erkannt werden.

Die Gammastrahlen zeigten keine Ablenkung. Wir schließen also, daß sie keine Ladung haben. Ihre Natur blieb lange dunkel, bis man schließlich nachweisen konnte, daß sie aus Lichtwellen sehr kleiner Wellenlänge bestehen. Die Wellenlänge geht bei den kürzesten Gammastrahlen herunter bis unter 10^{-8} mm, also den hundertmillionsten Teil eines Millimeters. Sie können auch die Luft ionisieren, aber noch etwa 100mal schwächer als die Betastrahlen. Dafür sind sie aber viel durchdringender, und sie können in Luft einen Weg von 80—100 Meter zurücklegen, bevor ihre Ionisationskraft auf die Hälfte gesunken ist. Für unsere Frage nach den Bausteinen der Welt kommen die Gammastrahlen weniger in Betracht.

Die radioaktiven Stoffe.

Als Ausgangspunkt der Strahlen erwies sich das Atom selbst. Der Beweis lag vor allem darin, daß z. B. das Radium ganz dieselbe Strahlung nach Art und Maß aussandte, gleichviel, ob es als Element rein vorhanden war, oder als Chlorid an zwei Chloratome $RaCl_2$ gebunden, oder als Sulfat in der Verbindung $RaSO_4$, oder wie auch immer.

Ein weiterer Grund ist darin zu sehen, daß, während alle chemischen Umsätze sehr von der Temperatur abhängig sind, die Aussendung der Radiumstrahlen ganz unverändert vor sich geht im Kältebad des flüssigen Wasserstoffs wie in der Hitze des elektrischen Lichtbogens.

Wenn aber das Radium Teilchen von der Masse 4 abgibt, so muß das aussendende Atom durch die Ausstrahlung eine innere Veränderung erleiden. Nachdem sein Atomgewicht um 4 Einheiten vermindert ist, kann es nicht mehr ein Radiumatom sein. So kam zuerst der Engländer Rutherford zu der Auffassung, die in der bisherigen Naturerkenntnis ganz unerhört war, daß die Radiumatome beim Ausstrahlen selber zerfallen und dabei unter unseren Augen einen neuen Stoff entstehen lassen. Tatsächlich konnte man an allen Radiumverbindungen finden, daß sie beständig ein Gas hervorbringen. Und als man größere Mengen Radium hergestellt, d. h. aus Pechblende gesammelt hatte, konnte man sowohl an dem Radium wie auch an dem nun in hinreichender Menge vorhandenen Gas eine Atomgewichtsbestimmung durchführen. Es ergab sich für das Radium 226 und für das Gas 222. Man nannte das Gas Emanation. Da es keine chemische Verbindungen einging, mußte man es als Edelgas betrachten. Und beim Versuch, es in das periodische System einzureihen, kam es wirklich ganz von selbst in die Gruppe der Edelgase als letztes und schwerstes von ihnen (vgl. Tafel S. 35).

Das Merkwürdige war nun, daß dieses Gas selber radioaktiv war, es sandte auch Alphastrahlen aus und zerfiel dabei wieder unter den Augen des Beobachters, wie es entstanden war. Man fand auch das Gesetz, nach dem der Zerfall der Emanation vor sich geht. Nach 3,8 Tagen war nur mehr die Hälfte vorhanden, und nach wieder 3,8 Tagen war von dem Rest wieder die Hälfte zerfallen, und so ging es weiter. Nach je 3,8 Tagen war von dem zu Anfang dieser Zeit vorhandenen die Hälfte zerfallen. Als Zerfall müssen wir den Vorgang bezeichnen, insofern er ganz von selbst, das heißt ohne jegliches Zutun des Menschen, vor sich geht. Man könnte ihn richtiger, wenn man bedenkt, daß die Alphateilchen mit so ungeheuer großer Geschwindigkeit hinausgeschleudert werden, eine Explosion nennen. Der neue Stoff mußte also das Atomgewicht $222 - 4 = 218$ haben. Er war bei gewöhnlicher Temperatur fest. Man nannte ihn Radium A. Wunderbar genug, daß er selber noch einmal explodieren konnte, wieder unter Aussendung eines Alphateilchens. Und so entstanden noch eine ganze Reihe neuer Stoffe mit den Atomgewichten 214, 210, 206. Der Stoff 210 erwies sich als das schon zu Anfang der Forschung von Mad. Curie entdeckte Polonium.

Wenn Radium beständig in dieser Weise verschwindet, so mußte man sich wundern, daß nach so vielen Jahrtausenden des Zerfalls noch immer Radium auf der Erde vorkommt. Man vermutete daher, daß Radium nicht der erste zerfallende Stoff ist, sondern daß es selbst aus einem noch viel langsamer zerfallenden immer neu entsteht: schließlich konnte man feststellen, daß Uran, das schwerste Element unseres Systems, $U = 238$, mit einer Halbzerfallszeit von $4,5 \cdot 10^9$ Jahren, das erste radioaktive Element ist, daß aus ihm nach mehreren Zwischenstufen das Radium entsteht, das selbst in etwa 1580 Jahren zur Hälfte zerfällt.

Außer dem Radium gibt es noch eine andere radioaktive Familie, die sich vom Thorium, $Th = 232$, dem zweitschwersten Element des Systems, herleitet. Und noch eine dritte, die aber auch vom Uran abstammt, indem an einer Stelle die Atome in verschiedener Weise zerfallen und damit die beiden Familien auseinanderführen zu einer Nebenlinie des Radiums, die man Aktinium nannte. Alle etwa 40 verschiedenen radioaktiven Stoffe haben eine eigene feste Zeit, in der die Hälfte zerfällt. Die kleinste bekannte Halbzerfallszeit ist von der Größenordnung 1 milliardstel Sekunde, die größte beim Uran und Thorium beträgt mehrere Milliarden von Jahren. Die Tafel auf Seite 67 gibt einen Überblick über die Gesamtheit der radioaktiven Stoffe, getrennt nach den drei Familien. In der ersten Spalte sind immer die Atomgewichte angegeben. Man sieht, daß überall, wo die Bildung eines neuen Stoffes unter Aussendung eines Alphateilchens erfolgt, das Atomgewicht um vier Einheiten kleiner wird. Wenn dagegen nur ein Betateilchen ausgestrahlt wird, bleibt das Atomgewicht unverändert. Sein Gewicht ist zu klein, als daß es sich im Atomgewicht bemerklich machen könnte. In der zweiten Spalte sind die Zeiten angegeben, in denen der Stoff zur Hälfte zerfällt. Diese Halbwertszeiten sind die bezeichnendste

66

Die radioaktiven Elemente.

Uran-Radium-Familie				Aktinium-Familie				Thorium-Familie			
At.G.	Halbzeit	Strahlen	Name	At.G.	Halbzeit	Strahlen	Name	At.G.	Halbzeit	Strahlen	Name
238	$4{,}5 \cdot 10^9$ J	α	Uran I								
234	24,5 T	$\beta\ \gamma$	Uran X_1		In den ersten Spalten bedeutet „At.G." das Atomgewicht. In den Spalten						
234	6,7 St	β	Uran Z		„Halbzeit" bedeuten J = Jahre, T = Tage, St = Stunden, M = Minuten, Sek =						
234	1,14 M	$\beta\ \gamma$	Uran X_2		Sekunden.						
234	$3 \cdot 10^5$ J	α	Uran II								
230	76000 J	α	Ionium	230	24,6 St	β	Uran Y	232	$12 \cdot 10^9$ J	α	Thorium
226	1580 J	α	Radium	230	32000 J	α	Protaktinium	228	6,7 J	β	Mesothorium I
222	3,83 T	α	Ra-Emanat.	226	13,5 J	β	Aktinium	228	6,2 St	$\beta\ \gamma$	Mesothorium II
218	3,05 M	α	Radium A	226	18,9 T	$\alpha\ \beta\ \gamma$	Radioaktinium	228	1,9 J	$\alpha\ \beta$	Radiothor
214	26,8 M	$\beta\ \gamma$	Radium B	222	11,2 T	α	Aktinium X	224	3,64 T	α	Thorium X
214	19,5 M	$\alpha\ \beta\ \gamma$	Radium C	218	3,9 Sek	α	Aktin.-Emanat.	220	54,5 Sek	α	Thor.-Emanat.
214	10^{-6} Sek	α	Ra-C_1	214	0,002 Sek	α	Aktinium A	216	0,14 Sek	α	Thorium A
210	1,3 M	$\beta\ \gamma$	Ra-C_2	210	36 M	$\beta\ \gamma$	Aktinium B	212	10,6 St	$\beta\ \gamma$	Thorium B
210	22 J	$\beta\ \gamma$	Radium D	210	2,16 M	$\alpha\ \beta\ \gamma$	Aktinium C	212	60,8 M	$\alpha\ \beta$	Thorium C
210	4,9 T	$\beta\ \gamma$	Radium E	210	0,005 Sek	α	Akt. C_1	212	10^{-9} Sek	α	Thor. C_1
210	136,5 T	α	Polonium	206	4,76 M	$\beta\ \gamma$	Akt. C_2	208	3,2 M	$\beta\ \gamma$	Thor. C_2
206	beständig	—	Blei	206	beständig	—	Blei	208	beständig	—	Blei

(0,04 % Ra-C_1 / Ra-C_2; 99,8 % Akt. C_1; 35 % Thor. C_1; 3 % Uran II → Ionium)

radioaktive Eigenschaft der verschiedenen Elemente. Die
Pfeile zwischen den Zeilen bedeuten, daß der tiefer stehende
Stoff aus dem höher stehenden unter Aussendung der angegebenen Strahlung entstanden ist. Zuweilen sind zwei Pfeile
unter demselben Stoff zu sehen. Diese Atome können in zwei
verschiedenen Weisen zerfallen. Meist findet der eine Zerfall
unter Aussendung eines Alphateilchens, der andere unter Aussendung eines Betateilchens statt. Wo es bekannt ist, welcher
Hundertsatz in der einen oder der anderen Weise zerfällt, ist
das neben dem betreffenden Zerfall angegeben.

Noch ein kurzes Wort über die Natur der Alphastrahlen.
Sie haben das Atomgewicht 4. Einen Stoff mit dem Atomgewicht 4 kennt das System der Körper schon in dem Helium. Das Alphateilchen ist stets doppelt positiv geladen,
während das Heliumatom an sich ungeladen ist, daher könnte
das Alphateilchen aus einem Heliumatom bestehen, das 2 Elektronen verloren hat. Oder umgekehrt, es könnte sich aus dem
Alphateilchen ein Heliumatom bilden, indem es noch 2 Elektronen aufnimmt.

Rutherford führte auch hier einen durchschlagenden
Beweis. Er konnte in einem Raum, in dem sich anfangs kein
Helium befand und der luftdicht verschlossen war, nach
einigen Tagen Helium nachweisen, als er durch ein sehr feines, aber gasdichtes Glasfensterchen Alphastrahlen in den
Raum eindringen ließ. (Die schnell bewegten kleinen Alphateilchen können durch feine Wände eindringen, die für gewöhnliches Gas undurchdringlich sind.)

Mit diesen Kenntnissen bereichert, kehren wir nunmehr zu
unserer Hauptfrage nach den Bausteinen der Körperwelt zurück.

Das Radium und die Körperwelt.

Man merkt schon aus dem Dargelegten, daß die Entdeckung des Radiums eine ganze Umwälzung in unserer Naturerkenntnis hervorgebracht hat. Oder soll man nicht lieber
von ungeheuren Fortschritten sprechen? Denn Zerstörung
von Unwissenheit und Irrtum ist doch immer ein Fortschritt.
Zunächst erfuhr auch das bisherige Wissen um die Körperwelt eine erfreuliche Bestätigung.

Bisher hatten wir den atomistischen Bau der Körperwelt erschlossen aus den Gewichtsverhältnissen bei den chemischen Vorgängen. Das war, was der Richter einen Indizienbeweis nennen würde. Wegen der Allgemeingültigkeit dieser Gesetze war zwar die Wahrscheinlichkeit des atomistischen Baus dadurch sehr groß geworden, aber es war doch noch keine unbedingte Sicherheit vorhanden. Wenn wir aber beim Zerfall des Radiums die Sidotblende aufblitzen sehen, stellen wir jedesmal ein einzelnes zerfallendes Teilchen fest. Da werden die Atome einzeln für unsere Sinne wahrnehmbar, denn die gesehene Wirkung ist von je einem zerfallenden Atom hervorgebracht. Wir können also jetzt sagen, daß wir die Natur „auf frischer Tat ertappt" haben in ihrem atomistischen Aufbau. Der atomistische Bau der Körperwelt ist jetzt keine mehr oder weniger wahrscheinliche Annahme (Hypothese) mehr, sondern er ist eine beobachtbare Tatsache.

Das ist so richtig, daß wir mit demselben Verfahren sogar die Z a h l   d e r   A t o m e bestimmen können. Zunächst können wir so die Zahl der z e r f a l l e n d e n Atome feststellen, etwa die Zahl der aus 1 Gramm Radium in einer Sekunde zerfallenden Atome. Angenommen wir haben 0,01 Gramm Radium, das der Chemiker so bestimmt hat mit seiner Waage. Wir bringen diese kleine Menge auf den Knopf einer Nadel N in den Mittelpunkt einer Kugel von 9 m = 9000 mm Halbmesser. Durch Auspumpen der Luft erreichen wir, daß die Alphateilchen alle in die Kugelfläche hineinschießen. Die Oberfläche hat einen Inhalt von $4\pi r^2 = 4\pi \cdot 81 \cdot 10^6$ qmm = rund 10^9 qmm. An der Stelle F in der Wand befindet sich ein Glasplättchen, das mit Sidotblende belegt ist, die bei jedem auftreffenden Alphateilchen aufblitzt. Im Mikroskop können wir gerade ein Flächenstück von 1 qmm sehen und die Zahl der dort eintreffenden Teilchen zählen. Wir zählen in 10 Sekunden im Mittel aus einer längeren Beobachtung 3,7, also in einer Sekunde 0,37 Blitze. Dann müssen auf die ganze Kugel ringsum in jeder Sekunde $0,37 \cdot 10^9 = 3,7 \cdot 10^8$ Teilchen auftreffen. Diese gehen von 0,01 Gramm aus, daher werden von 1 Gramm $3,7 \cdot 10^{10}$ Teilchen in der Sekunde ausgehen. Das ist die Zahl, die wirklich gefunden

wurde. — Wir würden auf dem kleinen Schirm keine andere
Anzahl Blitze bekommen als soeben, wenn wir statt der großen Kugel nur ein Stück Rohr benutzen würden, wie es in
Abb. 18 durch Striche angedeutet ist. Man braucht deshalb
die kostspielige Kugel für diese Versuche nicht anzufertigen,
sie wurde nur des leichteren Verständnisses wegen angenommen.

Ein anderes Verfahren gestattet sogar, die Teilchen sich
selbsttätig aufschreiben zu lassen. Es besteht darin, daß man
eine feine Nadelspitze mit einer Leidener Flasche L (Abb. 19)

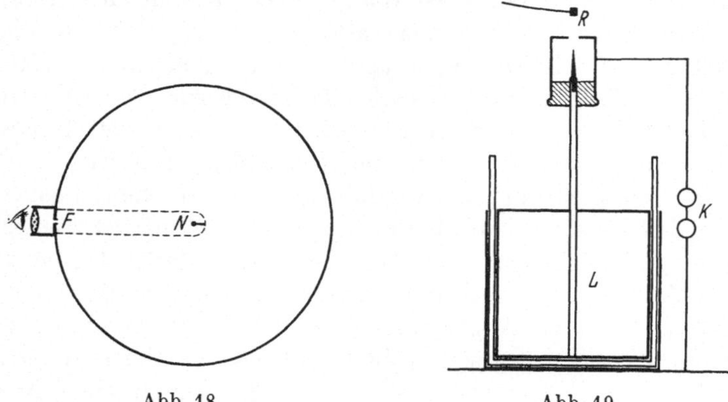

Abb. 18.   Abb. 19.

Abb. 18. Durch Zählen der Lichtblitze auf einem kleinen Schirm aus
Sidotblende kann man die Zahl der von 1 Gramm Radium je Sekunde
zerfallenden Atome bestimmen.

Abb. 19. Eine geladene Spitzenkammer mit Kopfhörer läßt die einzelnen
Alphateilchen zählen.

oder dergleichen verbindet, die so hoch aufgeladen ist, daß
eben keine Selbstentladung mehr eintritt. Die Nadel ist von
einem Stückchen Messingrohr umgeben, das oben bis auf eine
kleine Öffnung verschlossen ist. Wenn dann durch diese Öffnung von einer Spur Radium Ra her ein Alphateilchen eintritt und plötzlich im Innern eine so große Zahl von Ionen
erzeugt, so wird wegen der hohen Spannung der geladenen
Flasche die Luft im Innern einen Augenblick leitend, es
findet ein starker Stromstoß von der Spitze zur Wand statt.
Läßt man diese Ladung von der Wand durch einen Kopf-

hörer K abfließen, so hört man jedesmal ein leises Knacken. Und wenn man statt des Kopfhörers ein hinreichend empfindliches und schnelles Elektroskop mit der Rohrwand verbindet, so gerät das Blättchen oder Bändchen desselben jedesmal in eine zuckende Bewegung, die man auf ein beständig bewegtes lichtempfindliches Papier aufzeichnen kann. Man kann dann nachher die Zahl der Stöße in aller Ruhe abzählen, auch wenn sie so schnell aufeinanderfolgen, daß man mit dem Ohr nicht nachkommen könnte. Abb. 20 zeigt zwei Proben von solchen Aufnahmen. a wurde mit einem Ein-

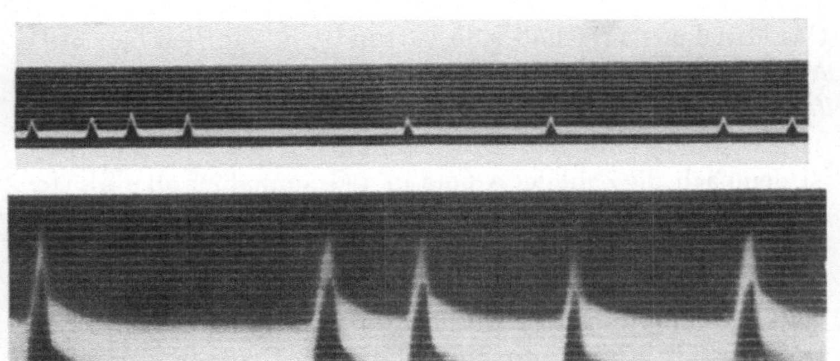

Abb. 20. Durch ununterbrochene Aufzeichnung von Elektrometerausschlägen kann man die zerfallenden Atome einzeln aufweisen. Aufnahme a mit einem Wulfschen Einfaden-Elektrometer, Aufnahme b mit dem Wulfschen Universal-Elektroskop vor größerem Zuschauerkreis.

fadenelektrometer aufgenommen, b entstammt einer Vorführung im Unterricht mit dem Wulfschen Universalelektroskop.

Die Zahl von 37 Milliarden zerfallenden Atomen je Sekunde kommt uns außerordentlich hoch vor, wenn wir dazu bedenken, daß trotz dieser hohen Zahl von dem Gramm Radium doch erst nach 1580 Jahren die Hälfte zerfallen ist. Das zeigt uns wieder die große Zahl der Atome in 1 Gramm. Im vorliegenden Fall können wir aber noch viel bestimmter antworten. Wir können hier das früher (S. 29) gegebene Versprechen einlösen, nach einfachen, leicht verständlichen Verfahren die Zahl der Atome zu ermitteln. Wir wissen, daß das Radium in der Zeit von 1580 Jahren zur Hälfte zerfällt.

Dadurch wird die Strahlung zwar langsam kleiner, aber so langsam, daß wir uns doch denken können, sie dauere im ersten Jahr ganz unvermindert fort. Da das Jahr rund $31,6 \cdot 10^6$ Sekunden hat, so müssen im ersten Jahr $3,7 \cdot 10^{10} \cdot 31,6 \cdot 10^6 = 11,7 \cdot 10^{17}$ Atome zerfallen. In 1580 Jahren zerfällt die Hälfte, daher wird ebenso angenähert im letzten dieser Jahre auch nur mehr die Hälfte zerfallen, also $5,85 \cdot 10^{17}$. Dazwischen wird die Zahl von der ersten allmählich zur letzten abnehmen. Wenn wir nun annehmen, die ganze Zeit hätte der Zerfall mit einer mittleren Zahl stattgefunden, so werden wir sicher die Größenordnung richtig einschätzen. Das Mittel aus $11,7$ und $5,85$ ist rund $8,8$. Jährlich $8,8 \cdot 10^{17}$ Atome machen in 1580 Jahren $139 \cdot 10^{19}$ aus. Und diese Zahl von Atomen ist in dem zerfallenden halben Gramm enthalten, daher enthalten 226 Gramm $6,3 \cdot 10^{23}$ Atome. Das ist demnach die Zahl der Atome in 1 Grammatom aller Stoffe. Bei Verwendung eines genaueren Mittelwertes als $8,8$ ergibt sich die richtige Zahl $6 \cdot 10^{23}$ Atome.

Man konnte dieselbe Zahl noch in ganz anderer Weise finden, ebenfalls aus den Erscheinungen am Radium. Man kann nämlich die Menge des Heliumgases ein Jahr lang zusammenkommen lassen und dann messen. Man findet so, daß 1 Gramm Radium in einem Jahr $42,2$ cmm Heliumgas erzeugt. Dieses Heliumgas besteht eben aus den ausgeschleuderten Alphateilchen, die in einem Jahr die Zahl von $11,7 \cdot 10^{17}$ ausmachen. Also in $42,2$ cmm Gas sind beim Atmosphärendruck $11,7 \cdot 10^{17}$ Heliumatome enthalten. Daher sind in 1 cmm $11,7 \cdot 10^{17}/42,2$, in einem Liter $= 1000$ ccm $= 10^6$ cmm millionenmal mehr und in $22,4$ Liter, dem Raum einer Grammolekel aller Gase, sind noch $22,4$ mal so viele Molekeln vorhanden. Es ist

$$\frac{11,7 \cdot 10^{17}}{42,2} \cdot 22,4 \cdot 10^6 = 6,2 \cdot 10^{23}$$

In dem Edelgas Helium sind nur unverbundene Atome vorhanden, so daß die Zahl der Molekeln und die Zahl der Atome gleich sind.

Schließlich ist es beim Radium sogar gelungen, die Wege,
die das ausgesandte Teilchen nimmt, dem Auge sichtbar zu
machen. Man hat nämlich gefunden, daß die Wassertröpfchen, die sich aus dem Wasserdampf bilden (Nebelbildung),
sich immer zuerst an ein festes Staubteilchen anlagern. Statt
des Staubes können aber auch die elektrisch geladenen Ionen
in der Luft dienen. Wenn nun ein ausgeschleudertes Alphateilchen die Luft auf seiner Bahn ionisiert, so liegen diese
Ionen zuerst alle auf einer geraden Linie, dem Weg des
Alphateilchens, und eine schnelle Nebelbildung an diesen Luftionen wird die
Wege sichtbar machen. Man kann diese
plötzliche Nebelbildung in einem abgeschlossenen Raum dadurch veranlassen,
daß man den Raum zuerst mit Wasserdampf sättigt und dann plötzlich abkühlt.
Bei der Abkühlung ist der Raum dann
mit Wasserdampf überladen, und es wird
ein Teil des Dampfes in Form von Nebel
ausgeschieden. Wenn man in diesem
Augenblick ein starkes Licht in den Raum
fallen läßt, wird der Nebel sichtbar und
kann auch im Lichtbild festgehalten werden. Es zeigt sich dann, daß von dem
kleinen radioaktiven Stoffteilchen geradlinig Strahlen ausgehen nach allen Richtungen hin. Bei starken Produkten bilden
sie ein dichtes Bündel, bei schwachen sind

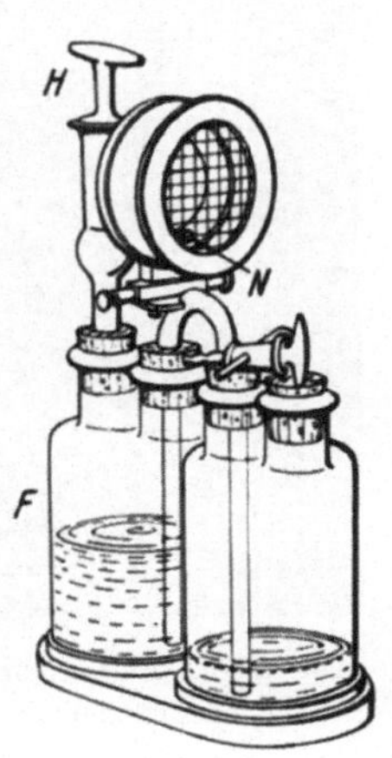

Abb. 21. Gerät zum
Sichtbarmachen der
Bahnen der einzelnen
Alphateilchen nach
Wilson.

es nur einzelne Linien. Abb. 21 zeigt ein Gerät zur Ausführung
dieser Versuche. Durch eine Luftpumpe wird die Flasche F
ausgepumpt, und dann durch Öffnen des Hahnes H die Kammer
plötzlich mit diesem Raum in Verbindung gesetzt. Die Luft
stürzt sich in die leere Flasche und kühlt sich dabei ab. Die
in diesem Augenblick gerade ausgesandten Strahlen aus dem
ganz schwachen radioaktiven Überzug der Nadel N erscheinen
hell vor dem dunklen Hintergrund. Abb. 22 enthält eine
Momentaufnahme der Strahlen eines schwach radiumhaltigen
Körpers, Abb. 23 eine solche von einem stärkeren Thoriumbelag.

Abb. 22. Bahnen von wenigen Alphateilchen nach Wilson.

Neue Erkenntnisse
durch die Radium-
forschung.

Nun zu *den neuen An-
schauungen*, zu denen uns
die Radiumforschung ge-
führt hat. Zuerst haben
wir einige neue Stoffe
kennengelernt, das Ra-
dium und die Emanation
und die übrigen Zerfalls-
produkte. Das merkwür-
dige dabei war aber, daß
auch diese Stoffe alle ohne
Zwang in das früher auf-
gestellte System der Ele-
mente hineinpaßten. Es
bleibt also auch fürderhin
„das System der Ele-
mente". Es gibt kein anderes System, und es gibt keinen Stoff, der nicht in dem
System seinen Platz hätte.

Und dennoch wurde das System durch die Ergebnisse der
Radiumforschung auch innerlich stark umgestaltet. Denn
bisher hatten wir angenommen, daß die Atome nicht bloß
unteilbar, sondern daß sie auch unzerstörbar seien, daß nicht
bloß die Gesamtmasse der Stoffe in der Welt, sondern auch
die Zahl der Wasserstoff-Sauerstoff-Stickstoffatome unveränderlich dieselbe bleibe. Jetzt sehen wir, daß dem nicht so
ist. Wir sehen eine ganze Reihe von Stoffen, die gesetzmäßig unter unsern Augen verschwinden, und wir sehen, daß
ein anderer schon früher bekannter Stoff, das Helium, beständig unter unseren Augen neu entsteht. Fast möchte man
sagen, es kommt Leben in unser System, die Stoffe stehen
nicht mehr fremd und unabhängig nebeneinander, sondern
sie stammen voneinander ab. Derselbe Stoff, der eben ein
Radiumatom gebildet hatte, ist auf einmal zu den gasförmi-

74

gen Atomen der Emanation und des Heliums auseinandergesprengt. Und diese nachweislich unbeständigen 40 radioaktiven Stoffe gehören dennoch in das System hinein. Es braucht uns deshalb nun nicht mehr zu wundern, daß die Elemente des Systems manche Ähnlichkeiten miteinander haben, sie bilden ja Familien.

Wenn das auch nur für die schwereren Stoffe nachgewiesen ist, können wir annehmen, daß die übrigen Stoffe

Abb. 23. Eine dichte Schar von Alphateilchen. Aufnahme von L. Meitner und K. Freitag. [Aus Z. Physik **37** (1926).]

sich in so grundlegenden Eigentümlichkeiten, wie die Abstammung voneinander ist, anders verhalten und doch mit ihnen ein so abgeschlossenes System bilden? Aber die Beobachtung entscheidet doch gegen diese Annahme! Keineswegs. Die Beobachtung beweist nur, daß der Zerfall nicht so schnell erfolgt, daß wir ihn wahrnehmen können. Wenn er wesentlich langsamer erfolgt als bei den schwach radioaktiven Stoffen, wie Uran, so entzieht er sich unserer Wahrnehmung, kann aber darum doch vorhanden sein. Und zweitens: wenn wir auch den Vorgang selbst nicht nachweisen können, so sind wir doch in der Lage, mutmaßliche Wirkungen dieses Vorgangs festzustellen. Da nämlich beim radioaktiven Zerfall vor allem neue Elemente entstehen durch Aussendung von Alphateilchen, so müssen alle diese Stoffe Atomgewichte haben mit dem Abstand 4. Wir werden also das ganze System unserer Elemente daraufhin ansehen, ob sich Atomgewichtsunterschiede gleich 4 darin finden. Ein Blick auf das Verzeichnis S. 35 zeigt uns sofort die Zahlen 4, 12, 16, 20, 24, 28, 32. Aber auch in der Reihe 7, 11, 19, 23, 27, 31 ist der Abstand immer 4 oder ein Mehrfaches von 4. Mit dieser Auffassung erweitert sich unser Blick in die Vergangenheit und in die Zukunft unserer Körperwelt ganz ungeheuerlich. Indes einstweilen ist das nur eine Vermutung, wenn auch eine sehr annehmbare Vermutung.

Damit bekommt auch die Tatsache der verschiedenen Häufigkeit des Vorkommens der verschiedenen Elemente einen tieferen Sinn. Die Stoffe, die schnell zerfallen, können sich nicht stark ansammeln. Und umgekehrt, die am längsten leben, müssen am häufigsten angetroffen werden. Die verschiedenen Elemente sind dann ja nur Durchgangszustände, in denen dieselbe Stoffmenge mehr oder weniger lange verbleibt. Wo sie am längsten verbleibt, dort müssen sich immer die meisten vorfinden. Die Häufigkeit des Vorkommens ist also einfach gleichbedeutend mit der Lebensdauer.

Aber noch viel wichtiger ist die Änderung der Auffassung über das Atom selbst. Bisher konnten wir das Atom ansehen als ein Klümpchen Stoff von bestimmtem Gewicht, so wie wir, nach unserer bloßen Sinneswahrnehmung urteilend, uns ein Wassertröpfchen, ein Bleikügelchen vorstellen als vollständig gleichartig in allen seinen Teilen. Das können wir jetzt nicht mehr. Das Radiumatom ist eine geladene Kanone, es schießt das Alphateilchen ab, und die zurückbleibende Kanone erweist sich noch einmal als geladen, sie schießt noch ein Alphateilchen ab und so noch mehrmals. Das Atom ist keine gleichmäßige träge Masse mehr, es ist der Sitz einer ungeheuren Energie. Wenn ein Teilchen explodiert, dann kommt etwas von dieser Energie zum Vorschein und erzeugt in der Umgebung eine entsprechende Wärmemenge. Daher kommt es, daß radioaktive Stoffe im-

mer eine Temperatur haben, die etwas höher liegt als die der
Umgebung. In welcher Form die Energie im Innern hinter-
legt ist, wissen wir noch nicht.

Von allen radioaktiven Stoffen sind 23, die Alphastrahlen
aussenden, immer mit dem gleichen Atomgewicht 4. Und bei
diesen gewaltigen Explosionen kommt immer das Heliumatom unverletzt davon. Wir müssen also annehmen, daß die
Teilchen des Heliumatoms miteinander viel fester zusammenhängen als die übrigen Bestandteile eines Radiumatoms. Da
es unwahrscheinlich ist, daß die Bildung des Alphateilchens
erst im Augenblick der Ausstrahlung erfolgt, nimmt man an,
daß Alphateilchen zu den Bausteinen der schwereren Atome
gehören.

Durchgang von Alphateilchen durch dünne Metallschichten.

Noch eine andere Erscheinung an den Alphateilchen ist für
die Weiterentwicklung unserer Kenntnisse über das Atom
von großer Bedeutung geworden. Angenommen, man habe
sich durch eine Blende ein dünnes Bündel Alphastrahlen ab-
gesondert, die sich dann auf
dem Schirmchen mit Sidot-
blende als dauernd leuchten-
des Lichtfleckchen beobachten
lassen. Man bringe jetzt in den
Weg dieser Strahlen ein sehr
dünnes Häutchen etwa von Gold.
Solche Goldhäutchen können
so dünn gemacht werden, daß
die Strahlen ohne großen Ver-

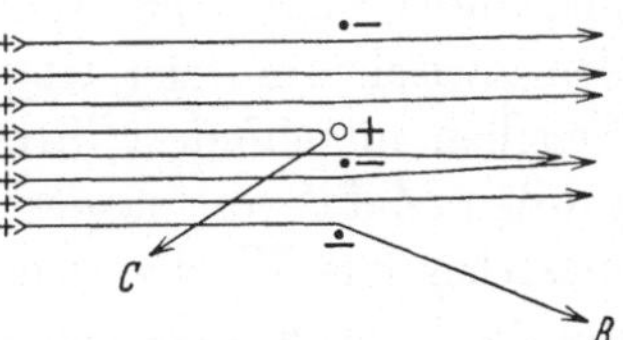

Abb. 24. Beim Eindringen in
dünne Metallblätter werden einige
wenige Alphateilchen zurückgeworfen.

lust an Geschwindigkeit hindurchgehen, wie man an dem
nach wie vor aufleuchtenden Schirm feststellen kann. Aber
der Lichtfleck erweist sich jetzt an den Rändern etwas un-
scharf, ein Beweis, daß einige Teilchen in dem Blättchen
eine kleine Ablenkung erfahren haben. Und wenn man dann
(Abb. 24) in der Richtung von *B* oder gar von *C* her beobachtet, so zeigen sich ganz vereinzelte Teilchen in allen Richtungen, d. h. also, daß nicht alle Alphateilchen durch das

Blech hindurchgehen, daß manche abgelenkt und einige
wenige sogar vollkommen zurückgeworfen werden. Das war
aber aus einer Zahl von 10 000 nur etwa eines. Rutherford fragte sich, wie man sich das Goldblättchen vorstellen
müsse, wenn es sich so verhält. Um das zu verstehen, wollen
wir uns ein ähnliches Verhalten auf anderem Gebiete vorstellen. Angenommen, eine Truppe Soldaten sieht beim Vorrücken in Feindesland jenseits eines Kanals abends im Dämmerlicht eine dunkle Wand. Man schießt mit einem Maschinengewehr darauf und stellt folgendes fest. Die meisten
Kugeln finden überhaupt keinen Widerstand, aber einige
wenige fallen mit lautem Einschlag vor dem dunklen Gegenstand zu Boden. Dann sind sie überzeugt, die Wand vor ihnen
ist nicht gleichmäßig gebaut, die meisten Kugeln gehen glatt
hindurch, nur einige stoßen hart an. Der Gegenstand kann
nur ein Gitter sein, er enthält leere Stellen und dazwischen
Stellen mit sehr großem Widerstand, wo eine Kugel anprallt
und zu Boden fällt. Das Goldblättchen kann gar nicht anders
gebaut sein. Es enthält Stellen großen Widerstandes. Da aber
die Zahl der zurückgeworfenen Teilchen sehr klein ist, können dieser Stellen nur sehr wenige sein, das meiste muß von
den Zwischenräumen eingenommen werden, da die meisten
Teilchen ungehindert ihren Weg machen können. Bei einer
großen Zahl von losgeschossenen Alphateilchen muß die
massebesetzte Fläche sich zu der masselosen verhalten wie
die Zahl der zurückgeworfenen Teilchen zu den durchgehenden, d. h. aber das Goldblättchen besteht in der Hauptsache
aus Zwischenräumen zwischen einigen weit auseinanderliegenden Massepunkten.

Das neue Atombild.

Das ganze bisherige Wissen vom Atom faßte dann Rutherford 1911 zusammen zu einem Atombild. Überlegen
wir zuerst noch einmal, welche Eigenschaften das nach unsern bisherigen Kenntnissen haben muß. 1. Es finden sich
Stellen größten Widerstandes auch gegen die kleinen Alphateilchen. Der Widerstand ist so groß, daß die Teilchen dort
zurückprallen. Denken wir uns einen Gummiball, der auf

78

einen anderen stößt. Ist der andere leichter als der stoßende, so wird er einfach überrannt. Ist der gestoßene aber schwerer, so fliegt der ankommende zurück, und der Rückprall ist um so stärker, je schwerer der Ball, auf den er trifft. Ist der gestoßene Ball sehr schwer (Auftreffen auf eine Wand), so fliegt der stoßende mit der ganzen Geschwindigkeit zurück, mit der er herangekommen ist. In unserm Fall findet zuweilen ein so starkes Zurückfliegen statt, die schweren Stellen in dem Goldblättchen müssen also eine Masse enthalten, die vielmal schwerer ist als das Alphateilchen. Dieser Punkte größten Widerstandes sind aber nur wenige in einem Raum, der den meisten Teilchen freien Durchgang gestattet. 2. In den radioaktiven Stoffen lernten wir Alphateilchen kennen, die einen merklichen Teil des Gewichts der Atome trugen und sich immer als positiv elektrisch geladen zeigten. Die Betateilchen sind Elektronen, sie hatten daher immer negative Ladung und trugen von der Masse des Atoms keinen merklichen Bruchteil mit sich fort. Außerdem geben die positiven Ionen in den Elektrolyten ein oder mehrere Elektronen ab. 3. Das Atom als Ganzes ist elektrisch ungeladen, das heißt die gesamte positive Elektrizität des Atoms ist gleich der negativen. 4. Die beiden Ladungen, die positive und negative, können aber im Atom nicht vollkommen vereinigt sein, da sonst keine endliche Kraft genügen würde, sie wieder voneinander zu trennen. In den Alpha- und Betateilchen sehen wir sie aber wieder getrennt. Durch Reiben eines Körpers können wir sie trennen, und in den Ionen der Elektrolyte sehen wir sie von selbst auseinandergehen.

Daraus schloß Rutherford auf folgenden Aufbau der Atome. Die schwere Masse des ganzen Atoms ist in einem sehr engen Raum vollständig zusammen, sie besitzt eine positive elektrische Ladung und bildet den Kern des Atoms. Die negative Ladung ist in Form von Elektronen vorhanden, aber in der Umgebung des Kerns in einem dauernden Abstand von ihm. Damit diese Elektronen nicht durch die Ladung des positiven Kerns angezogen in den Kern hineinfliegen, muß man deshalb einen Umstand annehmen, der dieser Vereinigung entgegenwirkt. Die Elektronen werden daher als den

Kern umkreisend angenommen. Dadurch wird eine Fliehkraft geweckt, die der Annäherung an den Kern entgegenwirkt, ähnlich wie die Planeten durch die Fliehkraft verhindert werden, in die Sonne hineinzufallen. Demnach ist das Atombild einem Sonnensystem sehr ähnlich, nicht nur im Aufbau, sondern auch in den Kräften, die in beiden wirksam sind. Dort ist es die allgemeine Massenanziehung, hier sind es die allerdings viel größeren, aber nach demselben Gesetz der quadratischen Abnahme mit der Entfernung wirkenden elektrischen Kräfte. Ein wunderbares Bild fürwahr! Da haben wir armen Menschen uns seit Jahrhunderten bemüht, uns ein Bild zu machen von dem Bau der Körperwelt. Und am Schluß müssen wir sehen, daß es seit Jahrtausenden mit leuchtenden Zeichen geschrieben riesengroß vor unsern Augen steht in dem Sternenhimmel, der jeden Abend vor unsern Blicken heraufzieht.

8. Die isotopen Elemente.

Zu noch einer weiteren Entdeckung regte die Radiumforschung an, die wir ihrer großen Bedeutung wegen in einem eigenen Abschnitt besprechen wollen. Es wurde schon erwähnt, daß der Zerfall des Radiums mit dem Gewicht 206, der des Thoriums mit dem Atomgewicht 208 aufhörte. Diese beiden Stoffe mußten also durch Radiumzerfall stets neu gebildet werden. Und es fragte sich, welches diese Stoffe sein können. Die Atomgewichtszahlen deuteten beide auf das Blei, und tatsächlich findet man in allen radiumhaltigen Gesteinen Blei. Aber unser Blei hat das Atomgewicht 207 und weder 206 noch 208. Da tauchte schließlich der Gedanke auf, ob nicht doch vielleicht 206 und 208 die richtigen Atomgewichte für Blei seien; wenn sich diese zwei Sorten Blei im Getriebe der Welt gemischt haben sollten, dann könnte 207 der Mittelwert sein eines Gemenges von diesen zwei Bleisorten. Der Versuch, das gewöhnliche Blei in zwei Sorten zu zerlegen, mißlang vorläufig. Damit war aber nur bewiesen, daß diese zwei Bleisorten sich chemisch in allen Eigenschaften sehr ähnlich waren. Denn die Trennung zweier in den kleinsten

Teilchen gemischter Stoffe beruht immer darauf, daß die beiden Bestandteile sich in irgendeiner Eigenschaft verschieden verhalten. Zum Beispiel ein Gemisch von Sand und Holzmehl läßt sich vollständig voneinandertrennen auf Grund des Umstandes, daß Sand in Wasser sinkt, Holzmehl aber nicht. Gibt man das Gemisch in Wasser, so sammelt sich der Sand am Boden und das Holz bleibt oben schwimmen oder in den obersten Schichten schweben. Gießt man das Wasser mit dem Holz ab, so bleibt der Sand getrennt zurück. Wenn die beiden vermuteten Bleisorten sich nicht trennen ließen, so bewies das nur, daß sie beide echtes Blei waren. Man mußte daher der Vermischung zuvorkommen, indem man einmal Blei sammelte nur aus radiumhaltigen und ein anderes Mal nur aus thoriumhaltigen Gesteinen.

Die Tatsachen.

Als das geschah und dann mit beiden Stoffen eine Bestimmung des Atomgewichts durchgeführt wurde, erhielt man tatsächlich für das Blei aus dem Radium das Atomgewicht 206, für das aus dem Thorium 208. Es ergab sich also, daß unser Blei kein einheitlicher Stoff ist und daß die Zahl 207 keinem wirklichen Stoff zukommt, sondern daß sie nur eine errechnete Zahl ist, das Mittel aus zwei wirklichen Atomgewichtszahlen.

Wenn das aber beim Blei der Fall ist, kann es dann nicht auch bei anderen Stoffen sich ähnlich verhalten? Man mußte also die Frage nachprüfen, ob die bisher dafür gehaltenen einheitlichen Elemente wirklich solche waren oder ob sie vielleicht Mischungen chemisch gleicher, nur verschieden schwerer Atome seien. Die Versuche zur Lösung dieser Frage waren außerordentlich schwierig. Denn zuletzt handelte es sich doch darum, die vermuteten zwei Atome voneinanderzutrennen, obwohl sie in ihrem ganzen chemischen Verhalten immer miteinander gingen. Wo der eine sich etwa in einer Säure löste, tat es auch der andere. Wenn der eine durch magnetische Kräfte angezogen wurde, war es ebenso mit dem anderen. Schließlich gelang der Nachweis der Mischung nach einem Verfahren, das in wesentlich vereinfachter Form in

Abb. 25 dargestellt ist. Wie schon auf S. 58 kurz erwähnt
wurde, gelingt es auch, Gasteilchen in einem luftverdünnten
Raum mit einer positiven Ladung zu versehen, sie werden
dann von der Anode abgestoßen mit einer Geschwindigkeit,
die um so größer ist, je höher die angelegte elektrische Spannung ist. Durch eine Doppelblende BB wird bewirkt, daß die
Teilchen alle in einer Richtung in einem geschlossenen Strahl
aus der kleinen Öffnung der Blende herauskommen. Da sie
ebenfalls die Fähigkeit haben, die lichtempfindliche Platte zu
schwärzen, so erhält man als Auftreffstelle nur ein feines
Pünktchen. Werden dann oberhalb und unterhalb des Strahls
Blechscheiben S angebracht, die elektrisch, sagen wir oben

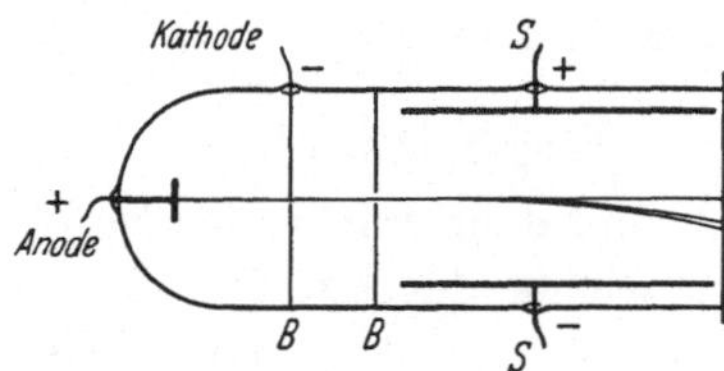

Abb. 25. Die wesentlichen Einrichtungen des Massenspektrographen.

positiv, unten negativ geladen werden, so werden die Teilchen
des Strahls, während sie an den geladenen Blechscheiben vor-
beifliegen, nach unten abgelenkt. Der schwarze Fleck auf der
Platte rückt deutlich nach unten. Wir wollen nun weiter ver-
einfachend annehmen, daß alle Teilchen durch die elektrischen Kräfte dieselbe Geschwindigkeit bekommen hätten, wie
auch, daß die elektrischen Ladungen auf allen Gasteilchen
gleich groß, gleich der Ladung eines positiven Elektrizitätsatoms seien. Dann brauchen alle Teilchen wegen derselben
Geschwindigkeit dieselbe Zeit, um an den geladenen Platten
vorbeizufliegen. Und wegen derselben Ladung werden sie
diese Zeit hindurch mit derselben Kraft zur Seite gestoßen.
Trotzdem ist die Ablenkung nicht dieselbe, wenn die Masse
der Teilchen eine verschiedene ist. Denn eine von einem Turm
fallende Eisenkugel wird vom Wind nicht ebenso weit seit-
wärts abgetrieben, wie ein ebenso schnell fliegender leichter
Gummiball. Man mußte also verschiedene Auftreffpunkte des

abgelenkten Strahls finden, wenn es Teilchen mit verschiedenem Gewicht gab. Und wenn die verschiedenen Atome desselben Elements nur angenähert das gleiche Gewicht hatten, in Wirklichkeit also etwas verschieden an Gewicht waren, so konnten die einzelnen Atome auch nur angenähert an derselben Stelle der Platte auftreffen, der Bildfleck mußte verwaschene Ränder zeigen. Wenn aber zwar mehrere Atomarten vorhanden waren, die untereinander streng das gleiche Gewicht hatten, so mußten sich zwar ebenso viele Bilder zeigen, als es verschiedene Atomarten gab, aber die Ränder aller dieser Bilder mußten scharf erscheinen. Das Ergebnis der Untersuchungen, um die sich besonders der Engländer A s t o n verdient gemacht hat, war dieses, daß man stets Bilder mit scharfen Rändern erhielt, *aber oft zeigten sich nahe beieinander mehrere Bilder.* So gaben die Versuche mit dem Edelgas N e o n zwei Auftreffpunkte, ebenso die Versuche mit Chlorgas.

Nehmen wir sogleich das Gesamtergebnis. Als man mit einem solchen Gerät, soweit möglich, noch einmal alle Elemente untersucht hatte, zeigte sich das folgende schier wunderbare Ergebnis. Die Atome mit ganzzahligem Atomgewicht erwiesen sich als einfache Stoffe, man fand nur einen Auftreffpunkt.

Die Stoffe aber mit bruchzahligen Atomgewichten erwiesen sich sämtlich als Gemische aus zwei oder gar mehreren Bestandteilen.

Aber das waren der Wunder noch nicht genug. Man konnte jetzt aus der Größe der Ablenkung, die an Atomen von bekanntem Atomgewicht beobachtet wurde, einen Schluß machen auf die Atomgewichte unbekannter Elemente. Man konnte also mit dem Gerät zugleich die Atomgewichte der verschiedenen Bestandteile messen. Und da fand sich, daß die Atomgewichte der *einzelnen Bestandteile alle ganzzahlig waren.* Zum Beispiel Chlorgas erwies sich als Mischung zunächst aus zwei Bestandteilen. Die Zahl 35,45, die man bisher für das Atomgewicht des Chlors gefunden hatte, war also keine richtige Atomzahl, es gab keine Atome mit diesem Gewicht. Die wirklichen Atome hatten das Gewicht 35,0 oder

37,0. Wenn man Teilchen dieser Größe mischt und zu je
drei Teilchen 35 ein Teilchen 37 gesellt, dann ist das mittlere
Gewicht aller Teilchen der Mischung 35,5. Es waren also
durch diese Entdeckung die ersten Dezimalen aller wirklich
existierenden Atome zu Null geworden[1]. Abb. 26 gibt zwei
Aufnahmen wieder, die Aston mit seinem Massenspektro-

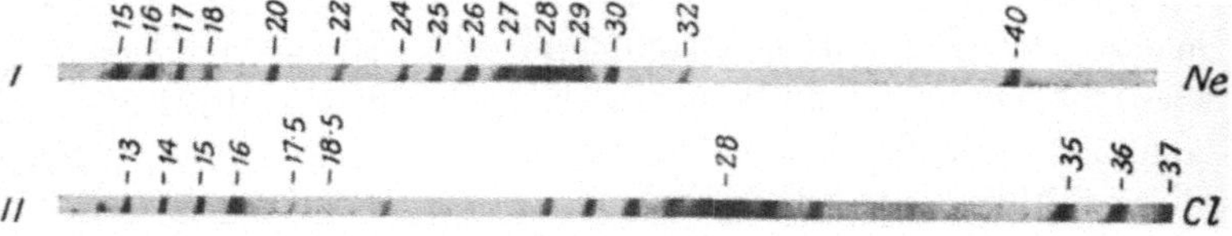

Abb. 26. Zwei Aufnahmen mit dem Massenspektrographen nach Aston.
Der obere Streifen zeigt unter 20 und 22 die beiden Isotopen des Neon.
Der untere unter 35 und 37 die beiden Chloratome. Ebenso sind 17,5 = 35/2
und 18,5 = 37/2 Spuren von doppelt geladenen Teilchen 35 und 37.

graphen erhielt. Die erste Aufnahme zeigt die Atome 20 (stark)
und 22 (schwach) vom Neongas. Die zweite gibt die Spuren
der Chloratome 35 und 37.

Die Bedeutung der Tatsachen.

Man sah sich hier durch die neuen Tatsachen zu derselben
Frage zurückgeführt, vor der man schon hundert Jahre
früher gestanden hatte. Schon gleich bei den ersten Bestimmungen der Atomgewichte war es nämlich aufgefallen, daß
so viele Atomgewichtszahlen ganze Zahlen waren, das bedeutete, da man Wasserstoff als Einheit angenommen hatte, daß
die Atomgewichte vieler Elemente ein ganzzahliges Vielfaches
des Wasserstoffatoms waren. So war Kohlenstoff $C = 12,0$,
Stickstoff $N = 14,0$, Sauerstoff $O = 16,0$. Wenn die verschiedenen Gewichte nichts miteinander zu tun hatten, warum
waren die ersten Dezimalzahlen dann immer Null? Wenn
man an das Rheinufer geht und aufs Geratewohl einige Kie-
selsteine aufliest und dann ihr Gewicht bestimmt, so wird
das Verhältnis zum leichtesten von ihnen sich sicher nicht
durchweg durch ganze Zahlen ausdrücken. Der englische
Arzt Prout sprach schon 1815 die Vermutung aus, daß die

---

[1] Man sehe dazu die Bemerkung im Anhang.

84

schwereren Atome aus einer größeren Zahl von Wasserstoffatomen zusammengesetzt seien. Da das Wasserstoffatom unteilbar war, so konnten dann nur ganzzahlige Vielfache seines Gewichts herauskommen. Zwar fanden sich gleich einige Atome, deren erste Dezimale keine Null war, aber da die Messungen anfangs notwendigerweise noch mit größeren Fehlern behaftet waren, so hoffte man, daß diese Ziffern sich bei genaueren Nachmessungen auch noch in Nullen verwandeln würden. Man ging deshalb mit erhöhtem Eifer und möglichster Sorgfalt an die Arbeit. Namentlich das Chlor hatte ein Atomgewicht, das zu 35,5 gefunden war, mitten zwischen zwei ganzen Zahlen. Glücklicherweise kannte man mehrere Verfahren, gerade dieses Atomgewicht möglichst genau zu bestimmen. Und das Ergebnis der Messungen von verschiedenen Forschern in mehreren Ländern nach verschiedenen Verfahren war, daß Chlor ganz sicher ein Atomgewicht hatte von 35,45. Ein solches Atom, sagte man sich, kann nicht durch Zusammenlagerung mehrerer unteilbarer Wasserstoffatome entstanden sein. Damit ließ man den Gedanken von Prout fallen. Es wäre ja gewiß ein großer Erfolg, wenn man die 92 Elemente des periodischen Systems alle zurückführen könnte auf ein Uratom, aus dem sie alle gebildet wären. Aber die Tatsachen entschieden damals dagegen.

Nun waren diese Tatsachen auf einmal verschwunden, sie waren dadurch verschwunden, daß man erkannt hatte, man müsse den gefundenen Bruchzahlen eine andere Deutung geben, sie waren nur Mittelwerte.

Damit wird die Vermutung von Prout, daß alle schwereren Elemente eine Anhäufung von Wasserstoffatomen seien, auf einmal wieder lebensfähig. Ja wir fanden die Zahl der wirklichen Stoffe noch viel größer als 92 und sogar für diese große Zahl, die sich jetzt auf 200 und mehr beläuft, gilt ausnahmslos, daß die schwereren ein ganzzahliges Vielfaches des Wasserstoffatoms sind. Die Vermutung, daß wir die Gesamtheit aller Stoffe auf das Wasserstoffatom zurückführen können, bekommt dadurch eine außerordentlich hohe Wahrscheinlichkeit. Die Wahrscheinlichkeit dafür ist ebenso groß, als es unwahrscheinlich ist, daß diese Ganzzahligkeit bei schier allen 200 Stoffen *zufällig* immer einer ganzen Zahl des Wasserstoffgewichtes gleich ist.

Diese Auffassung hat in den letzten Jahren noch ganz unerwartet eine starke Stütze gefunden, als Rutherford versuchte, ob man nicht durch starke einwirkende Kräfte Atomkerne in diese Bestandteile zerlegen, zerschlagen könne. Er ließ schnelle Alphastrahlen auf Stickstoffatome auftreffen und konnte dann einzelne Wasserstoffatome nachweisen. Die Versuche wurden dann bald auf alle möglichen Elemente ausgedehnt, und in sehr vielen Fällen gelang es auch bei anderen Elementen, Wasserstoff aus ihnen zu gewinnen. Da die Versuche in verschiedenen Ländern und Schulen wiederholt wurden, so kann man an der Richtigkeit der Versuche wohl kaum mehr zweifeln.

Später haben die Bemühungen, isotope Stoffe nachzuweisen, doch auch bei ganzzahligen Atomen einigen Erfolg gehabt. So fand man beispielsweise neben dem Sauerstoff mit dem Atomgewicht 16,0 noch andere Atome mit dem Atomgewicht 17 und 18. Aber ihre Zahl war so gering, daß sie das Atomgewicht doch nicht merklich ändern konnten. Auch vom Blei fanden sich neben den Gewichten 206 und 208 doch auch Atome 207. Zuletzt fand man sogar beim Wasserstoff Atome mit dem Gewicht 2. Und wenn sich aus solchen Atomen Wasser bildet, so hat das ein Molekulargewicht von 20 statt 18. Man konnte tatsächlich nachweisen, daß in unserm gewöhnlichen Wasser sich auch Molekeln des schweren Wassers befinden in einem Verhältnis von ungefähr 1 : 4500. Dann hat man es verstanden, dieses schwere Wasser herauszuholen, und zuletzt hatte man ein ganzes Gefäß mit nur schweren Wassermolekeln; dieses schwere Wasser verhielt sich in mancher Beziehung anders als unser gewöhnliches Wasser. Das Leben der Tiere z. B. scheint darin unmöglich zu sein.

In der Tabelle auf S. 22 sind die bis 1935 bekanntgewordenen Isotope in der letzten Spalte sämtlich aufgezeichnet.

Mit dieser Entdeckung ist ein ganz bedeutungsvoller Schritt zur Erkenntnis der Körperwelt gelungen.

Das ganze periodische System erfährt durch die Entdekkung eine Umgestaltung dahin, daß die einzelnen Stellen des Systems auch von mehreren Stoffen eingenommen werden können, und wie wir jetzt wissen, sogar eingenommen werden. Die Isotopen sind verschiedene Stoffe, sofern sie verschiedenes Atomgewicht haben. Aber sie müssen doch an dieselbe Stelle des Systems gesetzt werden, weil alle chemischen Eigenschaften gemeinsam sind. Eine Folge dieser gleichen Eigenschaften ist, wie schon erwähnt, daß sie nur sehr schwer voneinandergetrennt werden können, wenn sie einmal vermischt sind. Nur in dem Gewicht sind sie verschieden und darum auch nur in solchen Eigenschaften, die unmittelbar aus dem Gewicht folgen. Zugleich wird dadurch klar, daß das chemische Verhalten nicht eigentlich durch das Gewicht der Elemente bestimmt ist, da ja Körper sehr verschiedenen Gewichts dieselben chemischen Eigenschaften haben können.

Auch für die Enthüllung der Geheimnisse, die das periodische System noch birgt, müssen wir schließen, daß die aufklärende Gesetzmäßigkeit nicht in einer Gesetzmäßigkeit des Atomgewichtes gelegen sein wird. Und wenn darum in unserer Tabelle S. 35 der regelmäßige Anstieg des Atomgewichtes einige Male unterbrochen ist, so brauchen wir dem keine so große Bedeutung mehr zuzumessen.

Das wichtigste Ergebnis der Isotopenforschung war aber der nun nicht mehr zu übersehende Aufbau aller Atomkerne aus dem Kern des Wasserstoffatoms. Mit dieser Erkenntnis war der Naturforschung wieder ein Schritt gelungen, wie er nur einige Male in der Entwicklung menschlichen Wissens geschehen konnte, ein Schritt, der dem menschlichen Geiste mit seinem Streben nach Einheitlichkeit in den Naturgesetzen und nach Allgemeinheit in den letzten Bausteinen der Körperwelt eine tiefe Befriedigung gewähren mußte. Die neueste Forschung kommt hier durch die Erfahrung einer Auffassung wieder näher, die schon den alten Griechen geläufig war. Aristoteles mit seiner Materia I, die sich in gleicher Eigenschaft in allen Körpern vorfand, wie auch sein Gegner Demokrit mit seinen Atomen aus demselben Stoff, huldigten demselben Gedanken der Gleichartigkeit des Grundstoffes in allen körperlichen Gebilden, den wir hier verwirk-

licht sehen. Der große Abstand zwischen der alten und der
neuen Auffassung ist aber nicht zu übersehen. Unser heutiger Begriff stammt aus der Erfahrung, der alte war das Ergebnis reiner Überlegungen. Darum hat auch die neuere
Auffassung das bezeichnendste Merkmal aller wirklichen großen Fortschritte in der Naturerkenntnis an sich, sie regt sogleich zu ganz bestimmten neuen Fragestellungen und damit
zu neuen Fortschritten an. Wie sind denn die schweren
Atome aus den Bestandteilen zusammengesetzt? Welche
Kräfte sind bei der Zusammensetzung wirksam? Wie sind
die Kerne und die Elektronen in den verschiedenen Elementen
angeordnet? Der Lösung dieser Fragen ist dann naturgemäß
der ganze noch folgende Teil auch dieses Büchleins gewidmet.

9. Die Spektralanalyse.

Mit der Entdeckung der Kathodenstrahlen und der Radioaktivität waren zwei Goldadern erbohrt, aus denen in den
nächsten Jahren ein großer Reichtum an kostbarem Geistesgut geschürft werden konnte. Aber nun waren diese Adern
abgebaut, und alles, was dort zutage gebracht war, das hatte
Rutherford zu seinem Atombau sorgfältig verwertet. Sollte
nun noch weiter daran gearbeitet werden, so mußte neuer
Baustoff herbeigeschafft werden. Es gab in der Tat noch
eine ganze Gruppe von Erscheinungen, die bis dahin noch
nicht verwertet waren, um das Atombild weiter auszuzeichnen: das Licht, das die verschiedenen Elemente aussenden.
Durch das Licht, das es bei hoher Temperatur z. B. aussendet, ist jedes Element gekennzeichnet wie durch eine eigenhändige Unterschrift. Dieser Unterschriften waren schon eine
sehr große Menge in allen ihren Zügen bekannt. Sie waren
oft von außerordentlicher Schönheit und Farbenpracht.
Allein — niemand konnte sie lesen. Sie waren in einer Runenschrift geschrieben, und der Schlüssel zu ihrer Entzifferung
war nicht bekannt. Planck in Berlin war es, der im Jahre
1900 den Schlüssel fand, und Bohr in Kopenhagen entdeckte 1913, daß der Schlüssel Plancks in dieses Schloß
paßte, er öffnete mit ihm die Tür und konnte alsbald eine

große Reihe bisher unbekannter Geheimnisse entziffern. Wir wollen uns zuerst kurz mit den Tatsachen bekannt machen, die jetzt zur Verwendung kamen, und wollen uns dann den Schlüssel zu ihrer Deutung, das Plancksche Wirkungsquantum, etwas betrachten, so werden wir vorbereitet sein, um die neuerschlossenen Wunder besser zu verstehen.

Das Lichtspektrum und seine Entstehung.

Wenn du eine Nadelspitze in eine Streichholzflamme hältst oder wenn der Schmied ein Stück Eisen erhitzt, so beginnen sie bald rotglühend zu werden. Bei höherer Temperatur werden sie gelb- und dann weißglühend. So ist es bei allen Stoffen, soweit sie nicht bei der Hitze verbrennen. Das heißt, die Körper senden bei hohen Temperaturen Lichtstrahlen aus. Die Physik hat es seit Newton verstanden, dieses Licht in seine Bestandteile zu zerlegen. Es hat sich nämlich gezeigt, daß das gewöhnliche weiße Licht, das Sonnenlicht so gut wie das Licht der elektrischen Lampe aus einer großen Zahl verschiedener Farben besteht, von denen wir im Regenbogen etwas zu sehen bekommen. Was uns als Farbe erscheint, ist in der Natur eine Welle von bestimmter Wellenlänge. (Ähnlich wie auch die Tonhöhe in der Wellenlänge der Schallwellen gelegen ist.) Wenn nun ein fester Körper weißglühend gemacht ist, so sind in dem Licht, das er aussendet, im allgemeinen Strahlen aller Wellenlängen enthalten von der kleinsten bis zur längsten. Man nennt das ein kontinuierliches Spektrum. Aus einem solchen gleichen Verhalten aller Körper können wir nichts Besonderes für die verschiedenen Körper erschließen. Anders bei den Gasen. Auch die Gase fangen bei hoher Temperatur an, Licht auszusenden. Aber das Licht besteht nur aus Wellen von ganz bestimmter Wellenlänge, also ganz bestimmter Farbe. Und die Länge dieser Wellen ist für die verschiedenen Gase ganz bestimmt, so daß man an dem Licht sofort das aussendende Gas mit Sicherheit erkennen kann. Wenn man z. B. ein Körnchen Kochsalz in eine Kerzenflamme, noch besser eine Gasflamme bringt, so wird bei der hohen Temperatur das Salz zersetzt und das entstandene freie Natrium verdampft und sendet sogleich ein helles gelbes Licht aus. Wenn man dieses Licht untersucht, so findet man nichts als zwei ganz nahe gleiche Wellenlängen, die unserm Auge beide gelb erscheinen. Es gibt keinen anderen Stoff, der Licht von dieser Wellenlänge aussendet, so daß man bei Beobachtung dieser Wellenlänge sofort mit aller Bestimmtheit sagen kann, daß dieses Licht von Natriumdampf ausgesandt wird.

Die verschiedenen Farben werden grundsätzlich dadurch einzeln sichtbar gemacht, daß man nicht alle Strahlen auf dieselbe Stelle etwa eines weißen Schirms fallen läßt, sondern auf verschiedene Stellen, die dann alle in der Farbe erscheinen, mit der sie gerade belichtet sind. Die Gesamtheit der nebeneinander ausgebreiteten Farben nennt man ein Spektrum. Für die Leser, die sich noch weiter in die Geheimnisse der Wellenmessung vertiefen möchten, seien wenigstens für eine der Arten, in der die Spektra erzeugt werden, die Grundgedanken hier kurz angedeutet. Angenommen sei ein Spalt in einem Blechstück, der senkrecht zur Ebene des Papiers verläuft, so daß die Zeichnung Abb. 27 einen Durchschnitt S von ihm gibt. Auf diesen Spalt falle von irgendeiner Lichtquelle her eine Strahlung nur einer einzigen Wellenlänge, etwa nur grünes Licht. Durch die Sammellinse L wird von dem Spalt ein scharfes Bild in B erzeugt. Nun werde in der Nähe der Linse noch ein Gitter G angebracht. Man denke an schwarze undurchlässige parallele Striche auf einem klaren Glas. Die Striche verlaufen genau in der Richtung wie der Spalt, also senkrecht zur Ebene der Zeichnung. Der Deutlichkeit wegen seien aber hier nur zwei klare Spalte angedeutet, eine größere Zahl vermehrt nur die Lichtstärke der entstehenden Bilder. In B wird nach wie vor ein Bild des Spaltes entstehen, nur jetzt etwas lichtschwächer, weil die dunklen Striche einen Teil des Lichtes fortnehmen. Da von den

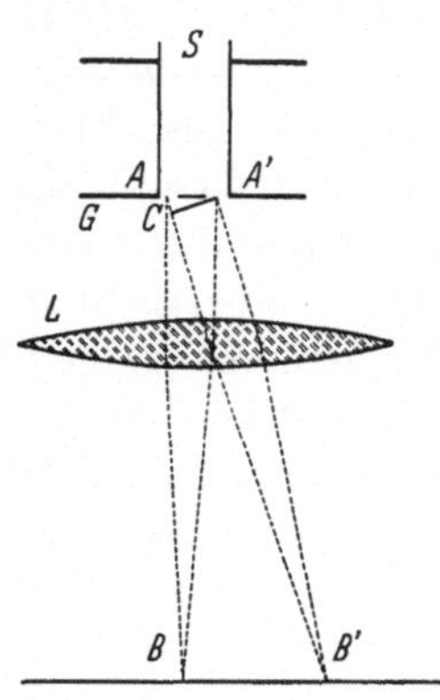

Abb. 27. Grundsätzliches zur Entstehung eines Beugungsspektrums.

Stellen der beiden Spalte aus das Licht sich kugelförmig ausbreitet nach allen Seiten, wie es das Huygenssche Prinzip
lehrt, so werden diese Erregungen auch rechts und links von
dem ersten Bild zusammenkommen und sich dabei verstärken
oder auch schwächen, je nachdem sie die Stellen, die sie erreichen, nach derselben oder nach entgegengesetzten Richtungen schwingen machen. Um sich das noch deutlicher zu
machen, denke man an einen Weiher. Es seien zugleich zwei
Steine in das Wasser geworfen im Abstand einiger Meter.
Von beiden Stellen breitet sich eine Welle aus und beide Wellen kommen schließlich an den fraglichen Punkt. Wenn dann
die beiden Wellen so ankommen, daß die eine den Wasserpunkt gerade hochheben will in dem Augenblick, wo die
andere ihn senken möchte, so werden die beiden Wirkungen
sich gegenseitig stören, und wenn sie gleich stark sind, vollständig aufheben, der Punkt wird einfach in Ruhe bleiben.
Wenn aber die beiden ankommenden Wellen gerade beide
den Punkt heben und nach einiger Zeit beide ihn senken
wollen, so werden sie sich gegenseitig unterstützen und verstärken. Das Wasser wird an der Stelle stärker auf und ab
gehen, als es in den beiden Einzelwellen geschieht. Die Frage
ist also, ob die in einer Richtung nach B' von A und von A'
sich ausbreitenden Lichtwellen dort gleich oder entgegengesetzt schwingen. Die beiden von den Punkten A und A' ausgehenden Wellen haben in der Richtung nach B' einen Wegunterschied, der dargestellt ist durch die kleine Strecke AC.
Wenn diese Strecke gleich einer halben Wellenlänge ist, werden sich die beiden Erregungen gegenseitig zerstören, wenn
sie aber gleich einer ganzen Wellenlänge des angewandten
Lichtes ist, werden sie sich wieder verstärken, da sie alle
Punkte in derselben Richtung schwingen machen, und in
dem Punkte B' rechts von B wird nun auch ein helles Bild
des Spaltes S entstehen. Dasselbe ist der Fall in demselben
Abstand links von B. Noch weiter über BB' hinaus wird der
Wegunterschied noch größer werden. Wenn er gleich der
doppelten Wellenlänge des Lichtes ist, wird wieder Verstärkung und ein neues Bild B'' entstehen, ebenso B''' ... Die
Richtung AB' wird mit der geraden Richtung AB einen

Winkel α bilden, der um so größer ist, je größer die Strecke *AC*, also je größer die Wellenlänge des benutzten Lichtes ist.

Wenn man nun Strahlung verschiedener Wellenlänge anwendet, so werden die Bilder je nach der Wellenlänge, das heißt je nach der Farbe des Lichtes, in verschiedenen Abständen *BB'* entstehen. Bei Anwendung von weißem Licht sieht man dann zuerst die kurzen blauen Strahlen, weiter hinaus der Reihe nach die grünen, gelben, roten ihr Spaltbild erzeugen. Und da gar keine Wellenlänge in dem weißen Licht z. B. einer Glühlampe fehlt, so werden die Bilder ohne Unterbrechung nebeneinanderliegen, es wird der Eindruck des Spaltes ganz verschwinden und nur ein ununterbrochenes farbiges Lichtband in allen Regenbogenfarben erscheinen, was man dann ein kontinuierliches Spektrum nennt.

Wenn aber das Licht nur aus einigen Strahlen bestimmter Länge besteht, so wird sich ein Bild des Spaltes *S* mit einer dieser Wellen bilden, daneben wird Dunkelheit sein, und dann wird wieder ein Bild des Spaltes mit einer anderen Farbe erscheinen. Damit sich diese Bilder nicht teilweise überdecken, macht man den Spalt *S* sehr schmal und erhält dann als Bild desselben nur feine schmale Linien, weshalb man auch von einem Linienspektrum spricht.

In dieser Weise erhält man vom Natrium, wie schon gesagt, nur zwei sehr nahe beieinanderliegende gelbe Linien. Der Wasserstoff hat vier lichtstarke Linien, eine im Rot und Blau und zwei im Violett. — Sehr schön und scharf kennzeichnend ist das Spektrum der Edelgase. Das Helium z. B. hat mehrere rote Linien, dann kommt eine so hellstrahlende gelbe Linie, daß das ganze Heliumlicht immer glänzendgelb erscheint, und dann kommen noch grüne und blaue Linien. Bei den meisten Stoffen sind die Linien sehr zahlreich, so kennt man vom Eisen gegen 5ooo Linien, die durch das ganze sichtbare Lichtband verteilt sind.

Die Entdeckung Balmers.

Es hat von jeher die Forscher gereizt, aus diesem Spektrum etwas erschließen zu können über den Aufbau des Atoms.

Denn es erscheint unmöglich, daß die Atome einfach aus gleichmäßig mit Stoff angefüllten Räumen bestehen, wo sie so mannigfaltige Lichtwellen aussenden. Man hat wohl den Vergleich gemacht mit einer schwingenden Violinsaite, die auch verschiedene Töne erzeugen kann bei derselben Länge und Spannung, indem sie einmal als Ganzes und dann in zwei oder mehreren Teilen schwingt. Dann stehen aber die Schwingungszahlen in dem einfachen Verhältnis der ganzen Zahlen $1:2:3:4:5\ldots$ Man konnte leicht finden, daß es sich mit den Wellenlängen eines Gasspektrums nicht so verhält. Wie sollte man sich also das Atom vorstellen, damit es eine solche Mannigfaltigkeit von Lichtwellen aussenden kann? Solange man von der Aussendung des Lichtes durch die heißen Körper überhaupt noch nichts wußte und daher über die Einrichtung eines Atomes dazu auch nicht einmal eine Vermutung aussprechen konnte, war die Frage unmöglich zu lösen. Mangels solcher Einsichten versuchte man einige Gesetzmäßigkeit in den Linien des Spektrums eines Atoms zu finden. Denn eine solche erkannte Gesetzmäßigkeit konnte vielleicht als Wegweiser dienen zu einer Vermutung über die Art der Lichtaussendung und dann weiter sogar über den Bau des aussendenden Atoms. Mit dieser Frage beschäftigte sich 1884 der Baseler Lehrer B a l m e r. Er wählte das Spektrum des Wasserstoffs, das nicht zuviel und nicht zuwenig Linien enthielt, und suchte nun nach einer Zahlenformel, die so beschaffen sei, daß, wenn er für irgendeine Größe verschiedene Zahlen, $1, 2, 3, 4\ldots$, einsetzte, die Formel jedesmal eine Linie des Wasserstoffspektrums gäbe. Und er hatte mit seinen Versuchen Erfolg. Seine Formel war nicht einmal sehr verwickelt. Sie hieß

$$\nu = \frac{109677{,}7}{4} - \frac{109677{,}7}{n^2}.$$

Wenn er darin $n = 3, 4, 5, 6$ setzte, so erhielt er jedesmal die Wellenzahl ν einer der vier damals bekannten Linien des Wasserstoffspektrums. Unter der Wellenzahl verstehen wir die Zahl der Wellen, die zusammen einen Zentimeter ausmachen. Wenn also λ die Wellenlänge einer Welle ist, so ist

$\nu\lambda = 1$ cm oder $\nu = 1/\lambda$. Es ist deshalb in gleicher Weise möglich, die Linien durch ihre Wellenlänge λ, wie durch ihre Wellenzahl ν zu kennzeichnen. B a l m e r rechnete noch mit der Wellenlänge, jetzt zieht man wegen der etwas bequemeren Durchführung der Rechnungen die Wellenzahl vor, und die B a l m e r sche Formel wurde daher gleich in dieser kleinen Umformung gegeben. Die Übereinstimmung der nach der B a l m e r schen Formel berechneten Werte von ν mit den beobachteten war so überaus groß, daß es geradezu Staunen erregte. So genau man auch nur die Wellenzahl bestimmen konnte, so weit zeigte die Rechnung dasselbe Ergebnis. Durch diese Erfolge angeregt, fragte man sich, ob es weiter im Ultravioletten nicht vielleicht noch mehr Linien gäbe, die nach derselben Formel zu berechnen wären, indem man n noch höhere Werte beilege $n = 7, 8, 9 \ldots$ Solche Linien im Ultraviolett sind zwar für unser Auge unsichtbar, aber die lichtempfindliche Platte wird auch durch solche Strahlen geschwärzt. Ihr Empfindlichkeitsbereich geht also weiter als der des menschlichen Auges. Die Vermutung bestätigte sich, und jetzt kennt man über dreißig Linien des Wasserstoffspektrums, die alle mit größter Genauigkeit bloß durch Einsetzen größerer Werte für n aus der Formel berechnet werden können. Zur Abkürzung werden wir im folgenden kurz die Zahl $109\,677{,}7 = R$ setzen, dann lautet die B a l m e r sche Formel

$$\nu = R\left(\frac{1}{4} - \frac{1}{n^2}\right).$$

Zum Beweis der Genauigkeit seien hier einige Werte angeführt, einmal nach der Berechnung aus der Formel und dann nach der Beobachtung. (Vgl. Tabelle auf folgender Seite.)

Wie man sieht, ist die Übereinstimmung der Beobachtung mit der Rechnung eine ganz ausgezeichnete. Man konnte gar nicht mehr daran zweifeln, daß die Formel wirklich die Gesamtheit der Wellen des Wasserstoffspektrums wiedergebe, mit andern Worten, daß sie wirklich der genaue Ausdruck für ein Naturgesetz sei. Man erlebte also hier in der Naturforschung den merkwürdigen Fall, daß die mathematische Formel eines Naturgesetzes früher bekannt war als das Natur-

94

Die Balmersche Formel geprüft durch die Beobachtung.

	$R\left(\frac{1}{4} - \frac{1}{n^2}\right) = \nu_\text{berechnet}$	$\nu_\text{beobachtet}$
$n = 3$	$R\left(\frac{1}{4} - \frac{1}{9}\right) = 15\,233{,}0$	$15\,233{,}0$
$n = 4$	$R\left(\frac{1}{4} - \frac{1}{16}\right) = 20\,564{,}6$	$20\,564{,}8$
$n = 5$	$R\left(\frac{1}{4} - \frac{1}{25}\right) = 23\,932{,}3$	$23\,932{,}5$
$n = 6$	$R\left(\frac{1}{4} - \frac{1}{36}\right) = 24\,372{,}8$	$24\,373{,}0$
$n = 7$	$R\left(\frac{1}{4} - \frac{1}{49}\right) = 25\,181{,}1$	$25\,181{,}3$
$\vdots$	$\vdots$	$\vdots$
$n = 15$	$R\left(\frac{1}{4} - \frac{1}{225}\right) = 26\,932{,}0$	$26\,932{,}2$
$\vdots$	$\vdots$	$\vdots$
$n = 20$	$R\left(\frac{1}{4} - \frac{1}{400}\right) = 27\,145{,}2$	$27\,145{,}1$

gesetz selber. Man wußte ja noch nichts über die Art und
Weise der Lichtaussendung, noch nichts über die Anlagen im
Wasserstoffatom, die gerade die Aussendung dieser Wellen
verursachten. Nur so viel stand jetzt schon fest, wenn einmal
die richtige Erklärung für die Aussendung des Lichtes gefunden würde, wenn einmal die Bestimmung der Wellenlängen hergeleitet werden würde aus bestimmten Anlagen im
Wasserstoffatom, dann mußte diese Erklärung auch notwendig hinführen zur Aufstellung der B a l m e r schen Formel. Wir werden daher im folgenden noch öfter über diese
Formel sprechen müssen, und es wird darum gut sein, wenn
wir sie uns gleich jetzt etwas genauer betrachten.
Die Formel besteht im wesentlichen aus zwei Gliedern,
mit denselben Zählern, aber verschiedenen Nennern. Das
erste Glied hat einen festen Wert. Wenn wir die angedeutete
Teilung ausführen, so bekommen wir als Betrag des ersten
Gliedes 109 677,7 : 4 = 27 419,4. Davon läßt nun das zweite
Glied etwas abziehen. Das zweite Glied ist immer kleiner als
das erste, da $n = 3, 4, 5, 6$ gesetzt werden muß, und für die
verschiedenen Linien hat es verschiedenen Wert. Je größer n,
desto kleiner ist der Betrag, der abgezogen werden muß,
und wenn n sehr groß genommen wird, so ist das zweite
Glied sehr klein, der Wert von ν ist dann fast ganz dem
ersten Glied gleich. Größer als das erste Glied kann der
ganze Ausdruck nicht werden, da ja immer etwas abgezogen
werden soll, das nur noch zu Null werden kann. Man sagt

dann, der Wert von ν kann dem Grenzwert 27419,4 beliebig nahe kommen. In der Nähe dieser Grenze liegen die Werte von ν sehr nahe beieinander. Nehmen wir z. B. einmal $n = 1000$ und ein anderes Mal $n = 1500$, so sind die zugehörigen Werte von ν nicht sehr weit voneinander, weil in beiden Fällen nur sehr wenig vom ersten Glied abzuziehen ist. Aber zwischen diesen beiden Werten liegen die 500 Werte von ν für $n = 1001, 1002 \ldots 1500$. Nach diesen Überlegungen wird es verständlich sein, daß die Abb. 28 den ganzen Verlauf des Wasserstoffspektrums nach der B a l m e r schen Formel darstellt.

Die vier ersten Linien links sind mit H_α, H_β, H_γ, H_δ bezeichnet. Es sind die vier schon B a l m e r bekannten Linien,

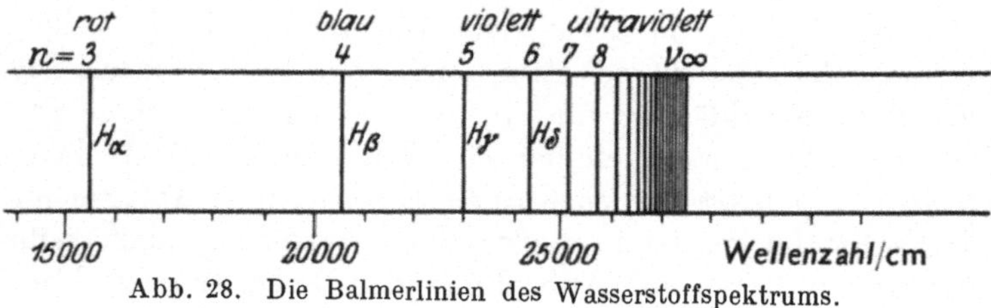

Abb. 28. Die Balmerlinien des Wasserstoffspektrums.

an denen er seine Formel fand. Weiter nach rechts werden die Abstände der Linien immer kleiner, es sind die Linien für höhere Werte von n, und ganz rechts bricht die Reihe mit einem Häufungspunkt plötzlich ab. Die äußerste Linie rechts entspricht dem ersten Glied der B a l m e r schen Formel allein oder dem Fall, daß n unendlich groß wird.

10. Das Wirkungsquantum.

Jeder Körper, der eine höhere Temperatur hat als seine Umgebung, gibt beständig an diese Wärme ab in Form von Strahlung. Diese Wärmestrahlung hat sich als wesensgleich mit den Lichtstrahlen erwiesen, nur hat sie zu große Wellenlänge, als daß sie auf unser Auge wirken könnte. Aber mit dem Gefühl nehmen wir sie wahr, und auch ein hingehaltenes Thermometer läßt sie erkennen. Mit einem einfachen

Kartonschirm können wir sie weitgehend abhalten. Man konnte sie ebenfalls zerlegen in ihre Bestandteile und fand, daß die Strahlen z. B. von einem warmen Ofen im allgemeinen ein kontinuierliches Spektrum bildeten, d. h. es waren Strahlen aller Wellenlänge von sehr kleinen bis zu sehr großen vorhanden. Man konnte auch die Stärke der verschiedenen Strahlenarten bestimmen und fand, daß sie keineswegs alle in etwa gleicher Stärke vorhanden waren. *Eine* Strahlenart war bei jeder Temperatur am stärksten vertreten, daran schlossen sich zu beiden Seiten Strahlen anderer Wellenlänge mit abnehmender Stärke. Sehr viel kürzere wie auch sehr viel längere Strahlen waren nur in verschwindendem Maße vorhanden. Man versuchte, sich Einsicht darüber zu verschaffen, was in dem heißen Körper wohl vor sich gehen müsse, damit er solche Strahlen in dieser Verteilung aussenden könne. Die Aufgabe erwies sich aber als überaus schwierig. Alle Vermutungen, die man aufstellte und auch rechnend verfolgte, führten nicht zu der Verteilung der Strahlen, wie sie wirklich beobachtet war.

Die Entdeckung durch Planck.

Nachdem sich viele hervorragende Physiker jahrelang vergebens um die Aufgabe bemüht hatten, kam Max Planck in Berlin zu der Überzeugung, daß man die bisherigen Grundauffassungen in einem wesentlichen Punkt ändern müsse, um das Rätsel zu lösen. Diese Neuerung fand er darin, daß man annehmen müsse, die Energie werde bei einem ausstrahlenden Körper nicht, wie man bisher angenommen hatte, wie in einem beständigen Strom ausgesandt, sondern ruckweise in kleinen Stößen, nicht wie in einem zusammenhängenden Strahl, sondern tropfenweise wie beim Regen. Die Energie sei also sozusagen auch atomistisch aufgebaut, es könne nichts ausgestrahlt werden, solange nicht in dem ausstrahlenden Körper dieses kleine Energieatom zusammen sei, und dann werde es auf einmal ausgestrahlt. Das war aber erst die Hälfte seiner Annahmen. Er fügte dem noch weiter hinzu, daß dieses Energiequantum nicht von unveränderlicher Größe sei, sondern verschieden, je nach der

Wellenlänge der ausgesandten Strahlen. Und zwar sei es um so größer, je größer die Zahl der Schwingungen je Sekunde. Von anderen Dingen sei es nicht abhängig. Wenn dieses Energieatom mit e bezeichnet wird und die Zahl der Schwingungen je Sekunde mit ν, so ist das Energieatom

$$e = h\nu.$$

Da e nur von ν abhängig sein soll, so ist h eine unveränderliche Größe, eine sogenannte Naturkonstante, die für alle Wellenlängen, alle ausstrahlenden Stoffe, alle Temperaturen genau denselben Wert hat. Man nannte h das Plancksche Wirkungsquantum. Bei einer Strahlung von der Schwingungszahl ν kann also niemals ein Bruchteil von der Energie $e = h\nu$ zum Vorschein kommen, es wird nur dieser Betrag oder ein ganzzahliges Vielfaches desselben verabfolgt.

Man wird bemerken, daß ν in dieser Gleichung eine etwas andere Bedeutung hat als im vorigen Abschnitt. Es bezeichnet jetzt die Anzahl Schwingungen *in einer Sekunde*. Da das Licht in einer Sekunde sich $300\,000$ km $= 3 \cdot 10^{10}$ cm ausbreitet, so erfüllen die Wellen, die in einer Sekunde ausgesandt werden, zusammen diese Strecke. Es ist also jetzt $\nu\lambda = 300\,000$ km $= 3 \cdot 10^{10}$ cm $= c$, wenn wir die Geschwindigkeit des Lichtes mit dem Buchstaben c bezeichnen. Früher bedeutete ν die Anzahl Wellen, die zusammen $= 1$ cm waren, also $\nu\lambda = 1$ cm. Die jetzige Zahl ist also $3 \cdot 10^{10}$mal größer als die frühere. Wir werden im folgenden, wo es nötig ist, dafür sorgen, daß Verwechslungen zwischen Schwingungszahl und Wellenzahl vermieden werden.

Zum besseren Verständnis der Bedeutung des Planckschen Wirkungsquantums sind noch einige weitere Ausführungen notwendig. Der anschaulicheren Darstellung wegen wollen wir sie zunächst auf Schallwellen beziehen. Damit eine Schallwelle von bestimmter Tonhöhe an unser Ohr kommen kann, ist zuerst ein tönender Körper erforderlich. In dem tönenden Körper muß etwas hin und her schwingen, und zwar mit der Schwingungszahl je Sekunde, die nachher der Ton haben soll. Bei vielen Geräten ist es z. B. eine schwingende Saite, wie beim Klavier, der Violine, der Klampfe, ein anderes Mal eine kleine schwingende Zunge, wie in der Harmonika, dem Harmonium, der Spieluhr. Dieser bewegte Teil muß dann auf die umgebende Luft einwirken, indem er sie in gleichem Takt in Bewegung versetzt. Und wenn diese Luftschwingungen auf unser Ohr stoßen, so sagen wir, daß wir das Klavier, das Harmonium hören.

Ganz ähnlich ist es mit den Wärme- und Lichtwellen, die von den glühenden Körpern ausgehen. Zuerst muß etwas in den Körpern schwingen, und das ist maßgebend für die Farbe des Lichtes. Und da das Licht in einer elektrischen Schwingung besteht, so muß auch schon in der Lichtquelle etwas schwingen, das eben geeignet ist, elektrische Wellen in Bewegung zu setzen. Lorentz und Zeeman konnten wirklich beweisen, daß es Elektronen in den Körpern sind, die diese Schwingungen aussenden, sie konnten die uns schon bekannte Ladung der Elektronen nach Maß und Zahl aus Eigentümlichkeiten der Lichtwellen bestimmen. Von den Elektronen der Atome wird also die Lichtschwingung in den umgebenden Raum weitergeleitet.

Wenn nun nach Planck die Aussendung der Strahlen in atomistischen Quanten erfolgt, so kann die Ursache dieses Verhaltens entweder in den aussendenden Körpern liegen oder in den ausgesandten Wellen. Planck nahm an, daß sie in den ausstrahlenden Atomen gelegen sei. Spätere Versuche, besonders von Franck und Hertz, haben ihm insofern recht gegeben, als diese Forscher nachweisen konnten, daß die Atome Energie nur dann in den Atomverband aufnehmen können, wenn sie in diesen Quanten dargeboten wird, und zwar in den Quanten, die das Atom nachher selber wieder ausstrahlt.

Die Erweiterung durch Einstein.

Bald darauf machte 1905 Einstein auf eine andere Erscheinung aufmerksam, die den atomistischen Bau der Energie in dem fortbewegten Strahl selber nachwies. Die beiden Erscheinungen brauchen nicht einander zu widersprechen. Es kann sich ja die atomistische Unterteilung an beiden Stellen zeigen. Es handelte sich um den schon lange bekannten lichtelektrischen Effekt. Das ist, wie schon der Name sagt, eine elektrische Wirkung des Lichtes. Die Wirkung besteht darin, daß Lichtstrahlen aus Metallen Elektronen befreien. Aus den unedlen Metallen, wie Natrium und Kalium, können schon die sichtbaren Strahlen Elektronen frei machen, für Zink und edlere Metalle sind ultraviolette und noch kürzere Strahlen erforderlich. Die Wirkung läßt sich so beobachten. Wenn eine saubere Zinkplatte, die negativ elektrisch geladen ist, mit dem Licht einer Bogenlampe bestrahlt wird, so verliert die Platte ihre negative Ladung. Die Blättchen eines mit der Platte verbundenen Elektroskops (Abb. 29) fallen schnell zusammen. Die Elektronen werden nicht nur frei gemacht, sie erhalten sogar eine gewisse Geschwindigkeit, die man hat messen können. Aus dieser Geschwindigkeit erkennt man die Energie des einzelnen Teilchens, und man konnte zeigen, daß diese Energie nach Abzug eines kleinen Teilchens, das für die Lostrennung aus dem Atomverband erforderlich ist, eben das Energiequantum ist, das dieser Schwingung zukommt nach der P l a n c k schen Annahme. Diese Bestimmung war sogar imstande, eine sehr genaue Messung des Wirkungsquantums zu gestatten. Man fand den Wert

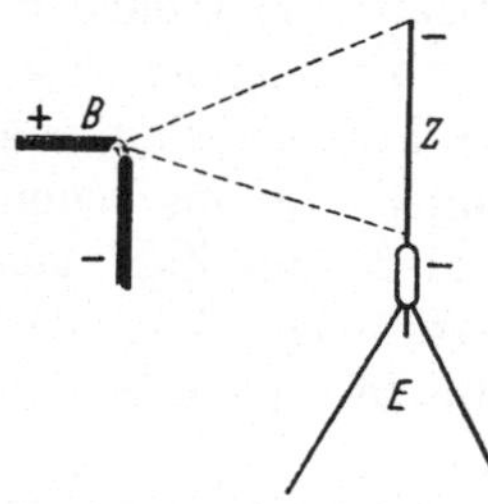

Abb. 29. Ultraviolette Strahlen machen aus einer Zinkplatte Elektronen frei.

$$h = 6{,}55 \cdot 10^{-27} \text{ Erg/sek.}$$

Das ist eine außerordentlich kleine Zahl. Dazu kommt, daß die zugrunde gelegte Einheit, das Erg auch schon eine sehr kleine Einheit ist. Ein Erg ist bestimmt durch die Arbeitsleistung einer Krafteinheit auf dem Wege von 1 cm. Die Kraft wird gemessen durch die Geschwindigkeit, die sie der Masse von 1 Gramm in einer Sekunde erteilt. Unsere Erde z. B. erteilt durch die Schwerkraft allen Körpern in 1 Sekunde die Geschwindigkeit von 980 cm/sek. Sie wirkt also auf die Masse von 1 Gramm mit 980 Krafteinheiten. Und wenn man trotz dieser entgegenstehenden Kraft 1 Gramm 1 cm hoch heben müßte, so wäre dazu eine Arbeitsleistung von 980 Erg erforderlich. Setzen wir dafür rund 1000 Erg, so wäre also 1 Erg gleich der Arbeit, die man leisten müßte, um 0,001 Gramm = 1 Milligramm 1 cm hoch zu heben, also eine sehr kleine Einheit. Nehmen wir an, eine Mücke sei 1 Milligramm schwer. Wenn sie sich 1 Meter in die Luft erheben will, leistet sie schon die Arbeit von 100 Erg.

Wenn der Wert von h einmal bekannt ist, kann man für alle Schwingungen sogleich die Energiequanten berechnen nach der Formel $e = h\nu$. Die Schwingungszahl ν gewinnen wir mit der Messung der Wellenlänge λ. wie schon erwähnt wurde, da $\lambda\nu = c$ also $\nu = c/\lambda$ ist. Die Wellenlängen bestimmen wir z. B. für die Lichtschwingungen mit Hilfe des oben besprochenen Beugungsgitters.

Wenn die Schwingungszahlen der sichtbaren Strahlen auch zu Werten von fast 10^{15} in der Sekunde kommen, so bleibt das Energiequantum doch von der Größenordnung 10^{-12}, d. h. es beträgt 1 Billionstel von einem Erg. Es besagt daher nichts gegen diese Auffassung, daß wir die ruckweise Aussendung des Lichtes noch nicht wahrgenommen haben. Wir würden es auch nicht merken, daß wir eine Treppe hinaufsteigen, wenn die Stufen $^1/_{1000}$ mm hoch wären.

Die Energiequanten der verschiedenen Gruppen elektromagnetischer Wellen.

Wellenart	λ cm	$\nu = c/\lambda$	$e = h\nu$ Erg
Lange Laboratoriumswellen.	$3 \cdot 10^{10}$	1	$6{,}5 \cdot 10^{-27}$
Lange Radiowellen	$3 \cdot 10^{5}$	10^{5}	$6{,}5 \cdot 10^{-22}$
Kurze Radiowellen	300	10^{8}	$6{,}5 \cdot 10^{-19}$
Kürzeste Laboratoriumswelle.	0,01	$3 \cdot 10^{12}$	$2 \cdot 10^{-14}$
Sichtbare, längste rote Welle	$8 \cdot 10^{-5}$	$4 \cdot 10^{14}$	$2{,}6 \cdot 10^{-12}$
Sichtbare, kürzeste violette Welle . .	$4 \cdot 10^{-5}$	$8 \cdot 10^{14}$	$5{,}2 \cdot 10^{-12}$
Ultraviolette, kürzeste Welle	$1{,}2 \cdot 10^{-7}$	$2{,}5 \cdot 10^{17}$	$1{,}6 \cdot 10^{-9}$
Röntgenstrahlen kürzeste	$6 \cdot 10^{-10}$	$5 \cdot 10^{19}$	$3{,}3 \cdot 10^{-7}$
Gammastrahlen kürzeste	$5 \cdot 10^{-11}$	$6 \cdot 10^{20}$	$3{,}9 \cdot 10^{-6}$
Höhenstrahlen kürzeste (geschätzt) .	10^{-13}	$3 \cdot 10^{23}$	$2 \cdot 10^{-3}$

Die Wellenlänge λ in cm ist gemessen, bzw. geschätzt. Daraus ergibt sich die Schwingungszahl $\nu = c/\lambda$, wo $c = 3 \cdot 10^{10}$ die Lichtgeschwindigkeit ist. Aus ν rechnet sich e nach der Quantenannahme $e = h\nu$, wo $h \doteq 6{,}5 \cdot 10^{-27}$ genommen wird. Die Zahlen sind auf eine Dezimale abgerundet.

Das Gebiet der elektrischen Schwingungen ist außerordentlich ausgedehnt. Alle haben das gemein, daß ihre Ausbreitungsgeschwindigkeit gleich der Geschwindigkeit des Lichtes ist, nämlich 3oo ooo km/sek oder $3 \cdot 10^{10}$ cm/sek. Die längsten dieser Schwingungen sind die elektrischen Wellen, die im Radio jetzt Tag und Nacht den ganzen Erdkreis umschwirren. Wenn auch im Radio kaum noch Wellen über 3 km Länge gebraucht werden, so hat es doch für den Physiker keine Schwierigkeit, noch viel größere zu erzeugen; ganz leicht kann er elektrische Wellen von 3oo ooo km Wellenlänge herstellen, bei denen also in der Sekunde nur 1 Schwingung gemacht würde. Für diese Welle wäre $\nu = 1$. Für die Radiowellen von $3 \text{ km} = 3 \cdot 10^5$ cm wird $\nu = 10^5$, da immer $\nu\lambda = c$ ist. Da wir nun das weite Gebiet der elektrischen Wellen sehr weitgehend ausgemessen haben, so kennen wir alle Wellenlängen, und folglich auch alle Schwingungszahlen ν. Bilden wir daraus $h\nu$, so haben wir die kleinen Energieatome für alle Schwingungen. Die Tabelle auf S. 101 gibt eine kleine Auswahl dieser Größen. Wenn auch die Energiequanten für die langen Radiowellen außerordentlich klein sind, so kommen doch die Werte für die kürzesten von allen, die Wellen der Höhenstrahlung schon an Beträge heran, die wohl einzeln zu beobachten wären. Z. B. die kleinsten Energiemengen, die zur Anregung einer Gehörempfindung nötig sind, gehen schon unter diese Beträge.

Es sei noch einmal ausdrücklich auf den großen Unterschied zwischen der von Planck und der von Einstein behandelten Erscheinung hingewiesen. Planck nahm an, daß von den Atomen die Energie in Quanten abgegeben wird. Die Energie ist dort, bei der von ihm behandelten Wärmestrahlung, vorhanden in Form von Wärmeenergie. Denn die ausgestrahlte Energie wird dem Wärmeinhalt des Körpers entnommen, die Körper kühlen sich durch die Ausstrahlung ab. Planck macht nun die Annahme, daß immer kleine Energiequanten in Strahlungsenergie verwandelt werden. Zuerst ist also das Energiequantum e vorhanden, und daraus ergibt sich die Schwingungszahl ν. Die erzeugte Schwingungszahl ist so groß, daß νh gleich dieser Energiemenge wird, also $\nu = e/h$.

Bei der lichtelektrischen Wirkung ist der Vorgang gerade

umgekehrt. Zuerst ist eine Lichtwelle vorhanden mit der Schwingungszahl ν. Diese Lichtenergie wird beim Auftreffen auf ein Elektron in Bewegungsenergie des Elektrons umgesetzt, und die erzeugte Bewegungsenergie e läßt sich jetzt umgekehrt aus der Schwingungszahl berechnen, e wird so groß, daß $e = h\nu$ wird.

Diese Wirkung des Lichtes auf die Atome ist vielleicht die bedeutungsvollste von den Erscheinungen, die zu der schon eingangs erwähnten Weiterentwicklung der Physik zur Quantenmechanik und Wellenmechanik geführt haben. Wir haben es im folgenden nur mit der Verwandlung von anderen Energiearten in Strahlungsenergie zu tun, so daß wir auf die weitere Behandlung der zweiten Erscheinung verzichten können.

11. Die Aussendung des Lichtes durch die Elektronen der Atome.

Mit diesem Werkzeug ausgerüstet, versucht nun 1913 der junge dänische Physiker Niels Bohr den Zugang zu den Geheimkammern des Atoms zu eröffnen. Erinnern wir uns zunächst noch einmal, was er schon wußte. Das Atom besteht aus einem schweren Kern, der von einer bis dahin unbestimmten Zahl von Elektronen umkreist wird. Jedes Element sendet ein Licht aus, das von dem Licht aller anderen Elemente verschieden ist. Für das einzelne Element ist die Wellenlänge des ausgesandten Lichtes unveränderlich, so weit es bisher möglich war, die Wellenlänge zu bestimmen, und das ist beim Licht mit einer viel größeren Genauigkeit der Fall, als wir sonst irgendein Ding messen können. Man erinnere sich an die Tabelle S. 95, wo bis zu 5 Dezimalstellen sicher ermittelt waren. Das würde bedeuten, daß wir die Länge eines Tisches auf 0,01 mm genau angeben könnten. Man wußte auch schon, daß die Ausbreitung des Lichtes in Form von elektromagnetischen Wellen erfolgt, mit andern Worten, daß die Lichtwellen sich von unsern Radiowellen nur durch die kleinere Wellenlänge unterscheiden. Lichtwellen kleiner als 0,001 mm, Radiowellen etwa zwischen 10 und 2000 Meter. Und Lorentz und Zeeman hatten schon nachweisen können, daß es Elektronen sind, die als die eigentliche Ausgangsstelle des Lichtes aus den leuchtenden Körpern zu betrachten sind. — Dazu kam gleichsam als Wegweiser die Balmersche Formel. Wenn eine Theorie der Strahlung richtig sein soll, so muß sie zu dieser Formel führen. — Endlich durfte man es auch damals schon als sehr wahrscheinlich bezeichnen, daß die Aussendung des Lichtes nach der Planckschen Quantenannahme erfolgen würde.

Die Bohrsche Lichttheorie.

Die Leistung Bohrs war zunächst eine rein theoretische. Er suchte gedanklich nach solchen Vorgängen an den Elektronen in der Umgebung des Kerns, daß dafür nach den bekannten Gesetzen oder auch nach nun einzuführenden neuen Gesetzen die Balmersche Formel gültig war. Er nahm der Einfachheit wegen zuerst nur an, daß ein einziges Elektron den Kern umkreise. Dann hatte er es nur zu tun mit der einen Kraft zwischen dem Kern und dem Elektron. Bei zwei Elektronen mußte schon die Wechselwirkung zwischen den beiden Elektronen mitbeachtet werden. Das hätte die Rechnung schon so sehr erschwert, daß sie nicht mehr vollständig hätte durchgeführt werden können.

Bohr stellte an die Spitze seiner Darlegungen zwei Grundannahmen.

1. Grundannahme. Das Elektron kreist um den Kern nur auf bestimmten festliegenden Bahnen. Während der Bewegung auf einer Bahn wird keine Strahlung nach außen abgegeben.

2. Grundannahme. Wenn aber das Elektron von einer ferneren Bahn auf eine nähere übergeht, dann wird dabei eine gewisse Menge Energie frei. Diese Energie wird hinausgestrahlt, und zwar nach dem Planckschen Gesetz. Es bildet sich eine Welle mit solcher Schwingungszahl ν, daß ihr Energiequant $h\nu$ gleich dieser frei werdenden Energie ist. Ist diese Energie e, so wird $\nu = e/h$. Wenn man die frei werdende Energie e berechnen kann, so ist damit auch die Schwingungszahl der entsprechenden Welle gefunden, nachdem der Wert von h einmal bekannt ist.

Wir wollen die beiden Annahmen noch etwas im einzelnen betrachten.

Zur ersten Annahme. Das Elektron kreist wie ein Planet um die Sonne. Die Sonnenplaneten können in allen Abständen kreisen. Es muß nur ihre Geschwindigkeit so groß sein, daß die dadurch geweckte Fliehkraft der Anziehungskraft der Sonne in diesem Abstand das Gleichgewicht hält. Dieses Gleichgewicht muß auch bei den Atomplaneten bestehen. Aber darum können doch noch nicht alle beliebigen Bahnen benutzt werden. Es gibt nach B o h r s erster Annahme noch eine andere Ursache, die gewisse Bahnen ausschließt, oder vielmehr nur einige ganz bestimmte Bahnen gestattet. Welches diese Ursache ist, das erfahren wir zunächst noch nicht. Später zeigt sich, daß eben durch diese Auswahl die B a l m e r sche Formel herauskommt. Die Auswahl ist diese. Es sei a_1 die nächste Bahn am Kern, die folgenden seien a_2, a_3 …, dann ist $a_2 = 2^2 a_1$, $a_3 = 3^2 a_1$, $a_4 = 4^2 a_1$, … $a_n = n^2 a_1$.

Die Bahnen wachsen also wie die Quadrate der Zahlen.

Die zweite Annahme bezieht sich auf die Energie. Damit ein Elektron sich von seiner Bahn in eine andre in größerem Abstand vom Kern begebe, muß eine entsprechende Arbeit geleistet werden gegen die Anziehung des Kernes. Das ist geradeso, wie eine Arbeit zu leisten ist, wenn man einen schweren Körper hochheben will. Dann muß gegen die Anziehungskraft der Erde Arbeit geleistet werden. Außerdem muß aber das Elektron auf den verschiedenen Bahnen sich gerade mit der Geschwindigkeit um den Kern bewegen, daß die Fliehkraft die richtige ist, gleich der Anziehung des Kerns.

Da die elektrische Ladung des Kerns auch immer einer ganzen Zahl z von Elektrizitätsatomen gleich sein muß, können wir sie gleich $z\varepsilon$ setzen, wo dann z die Kernladungszahl bedeutet. Dann kann man nach den Gesetzen der Elektrizität berechnen, wie groß die Arbeit ist, die geleistet werden muß, um das Elektron aus irgendeiner Bahn in eine andere zu heben. Geradeso groß ist die Arbeit, die das Gebilde Kern-Elektron abgeben kann, wenn das Elektron dieselbe Stufe herunterfällt. Sei dieser Betrag an Energie gleich e und er werde nach der zweiten Bohrschen Annahme als elektrische Welle ausgestrahlt, so muß sich eine solche Welle bilden, daß sie gerade diesem Energiequantum entspricht. Das ist der Fall, wenn die Schwingungszahl $\nu = e/h$ wird. Wie im Anhang des näheren ausgeführt wird, beträgt der Wert von ν, wenn es sich um einen Übergang von der Bahn n in die Bahn p handelt,

$$\nu = R z^2 \left(\frac{1}{p^2} - \frac{1}{n^2} \right).$$

Für den besonderen Fall, daß die Kernladung $z = 1$ ist, was man beim Wasserstoff annehmen muß, und daß wir die Strahlen betrachten beim Übergang von irgendeiner Bahn n her in die zweite Bahn $p = 2$, wird diese Formel

$$\nu = R \left(\frac{1}{4} - \frac{1}{n^2} \right).$$

Sie geht vollständig in die Balmersche Formel über. Das würde also bedeuten, die Lichtlinien der Balmerschen Formel werden ausgesandt, wenn das Wasserstoffelektron aus irgendeiner höheren Bahn $n = 3, 4, 5, 6 \ldots$ in die Bahn $p = 2$ herunterfällt.

Wie man leicht sieht, enthält die Ableitung mehrere Stellen, die der Begründung entbehren. Bohr war auch nicht der Meinung, durch die Herleitung der Formel einen Beweis geliefert zu haben. Die Formel bedurfte mit ihren verschiedenen Annahmen der Prüfung durch die Erfahrung. Und darin bestand eben der große Erfolg von Bohr, daß sich seine Formel und ihre Herleitung in ganz überraschendem Maße durch die Erfahrung bestätigte.

Bestätigungen der Theorie.

Daß die Formel zunächst ihre Hauptaufgabe, die Darstellung des Wasserstoffspektrums zu geben, erfüllte, sieht man sofort. Sie liefert die Balmersche Formel, von der schon gezeigt wurde, daß sie das Wasserstoffspektrum mit großer Genauigkeit wiedergibt. Aber das darf man nicht als eine Bestätigung der Formel werten. Sie wurde eben so zurechtgestutzt, bis sie diese Balmersche Formel lieferte. Eine Bestätigung kann nur darin erblickt werden, daß sie neue Leistungen aufweist, die bei ihrer Ableitung noch nicht bekannt waren. Das ist nun in sehr ausgedehntem Maße der Fall.

Erstens, die Bohrsche Formel ist nicht nur eine Herleitung der Balmerschen, sie ist zugleich eine Erweiterung derselben. Wenn $p = 2$ gesetzt wird, gibt sie die Balmersche Formel, aber sie sagt zugleich aus, daß p unter Umständen auch gleich 1 und gleich 3, 4, 5 ... sein kann. Dann läßt sie andere Schwingungszahlen von Wasserstofflinien errechnen. Wenn man die Rechnung durchführt, so kommt man mit $p = 1$ zu viel größeren Schwingungszahlen, die eine Strahlung geben würden, die nicht in dem sichtbaren, sondern im ultravioletten Teil des Spektrums liegen müßten. Und für $n = 3$ würde man zu langsamen Schwingungen kommen im ultraroten Gebiet. Beide Spektren, das ultrarote wie das ultraviolette, wurden also aus der Bohrschen Formel berechnet, und dann konnte das Ergebnis an der Erfahrung geprüft werden. Die Versuche entschieden restlos zugunsten der Bohrschen Theorie. Sowohl die Strahlen der ultravioletten wie die der roten Gruppe lagen genau an der berechneten Stelle.

Eine andere Bestätigung war folgende. Man glaubte einige Wasserstofflinien beobachtet zu haben, teils im Spektrum der Sterne, teils in einem Gemisch von Wasserstoff und Helium, die aber nur dann in die Formel von Bohr hineinpaßten, wenn man auch Halbzahlen $p + 1/2$ bzw. $n + 1/2$ für die Elektronenbahnen zuließ. Das würde gerade den Grundgedanken Bohrs zerstören. Bohr konnte aber sogleich darauf erwidern, daß sich diese Linien auch mit ungeteilten Abständen berechnen ließen, wenn man sie nicht dem Wasserstoff, sondern dem Heliumgas mit der Kernladung $z = 2$ zuschrieb. Im Vertrauen auf die Richtigkeit seiner Theorie behauptete er also, daß diese Linien nicht dem Wasserstoff, sondern dem beigemischten Helium zukommen. Und als nun die Versuche mit reinem Helium durchgeführt wurden, konnten sie wirklich an derselben Stelle beobachtet werden. Die Theorie konnte also hier eine bisher gehegte falsche Ansicht richtigstellen. Die kleine Rechnung ist im Anhang nachzulesen.

Endlich konnte B o h r auch den Wert der Konstanten R in der Formel nach seiner Auffassung berechnen. Die Konstante R war für B a l m e r eine leere Zahl, die er der Beobachtung entnommen hatte, über deren Bedeutung er aber nichts aussagen konnte, da er über die Eigenschaften des Atoms, die für die Lichtaussendung maßgebend waren, keine Annahmen gemacht hatte. Für B o h r war es ganz anders. Er kannte die elektrische Ladung des Elektrons und die ihm gleiche des Wasserstoffkerns, er konnte aus ganz anderen Gebieten der Physik den Wert des Wirkungsquantums h entnehmen. Er zeigte dann, daß sich mit diesen Größen der Wert der Konstanten R berechnen lasse. Der Wert war wirklich derselbe, $R = 109\,000$, den B a l m e r schon aus den Beobachtungen entnommen hatte. Diese ersten Leistungen verschafften den Arbeiten von B o h r großes Ansehen unter den Physikern, während man bis dahin sich sehr zurückhaltend gezeigt hatte. Obwohl wir diese Rechnung im einzelnen nicht durchführen können, wollen wir es uns doch nicht versagen, das Ergebnis hier mitzuteilen. Zunächst sei die Formel, nicht obwohl, sondern gerade weil sie ziemlich verwickelt ist, hier angeführt. B o h r fand

$$R = \frac{2\pi^2 \, m \, \varepsilon^4}{c \, h^3}.$$

Darin bedeutet m die Masse des Elektrons, ε seine Ladung, h das P l a n c k sche Wirkungsquantum und c die Geschwindigkeit des Lichtes. Es waren also sämtliche großen Naturkonstanten in ziemlich verwickelter Weise in der Formel enthalten, und es ist ganz außerordentlich erstaunlich, daß daraus nicht bloß die richtige Größenordnung, sondern soweit die Messungen der Konstanten das nur erwarten ließen, auch die richtige Zahl R errechnet wurde.

Bald aber kam noch eine ganze Reihe von Bestätigungen der B o h r schen Annahmen von anderer Seite hinzu. B o h r hatte angenommen, daß die Elektronen nur auf bestimmten Bahnen kreisen können. Da ein Aufenthalt auf den verschiedenen Bahnen immer auch den Besitz eines bestimmten Energiewertes besagt, so war damit auch angenommen, daß die Atome nicht beliebig kleine Energiemengen annehmen können, sondern nur so große Mengen, wie die erlaubten Bahnen es erfordern. Es gelang nun Hertz und Franck, den Atomen eines Quecksilberdampfes bestimmte Energiemengen anzubieten, indem sie die Atome mit Elektronen beschossen, die durch sorgfältig abgestufte elektrische Kräfte ganz bestimmte Energien erhalten hatten. Es wurden aber die Elektronen geringer Geschwindigkeit mit ihrer ganzen Energie von den Quecksilberatomen zurückgeworfen, ähnlich wie ein Ball von einer schweren Wand mit derselben Geschwindigkeit zurückfliegt, mit der er gekommen ist. Er nimmt also dann seine ganze Energie wieder mit zurück. Das geschah so, wenn die Energie der stoßenden Elektronen unter einem gewissen Wert blieb. War dieser Wert aber erreicht, so änderte sich plötzlich das Verhalten der Atome, sie nahmen den stoßenden Elektronen ihre ganze Energie ab, diese wurden nicht mehr zurückgeworfen, sondern blieben nach dem Stoß ohne Geschwindigkeit zurück. Und wenn man die Geschwindigkeit der Elektronen noch weiter vermehrte, so nahmen die Atome ihnen doch nur dasselbe Maß von Energie ab, der Rest verblieb ihnen. Es zeigte sich also, daß die Atome nicht Energie in jedem beliebigen Ausmaß annehmen können, sondern nur in einer bestimmten kleinsten Menge, ganz wie die Bohrsche Annahme das verlangte.

Dabei zeigte sich aber noch viel mehr. In demselben Augenblick, da die Quecksilberatome diese Energie der Elektronen aufnahmen, begannen sie auch zu leuchten. Sie sandten eine Strahlung aus, die aber aus dem ganzen bekannten Quecksilberspektrum nur eine einzige Linie enthielt von der Wellenlänge von $2{,}537 \cdot 10^{-4}$ mm, wie durch optische Versuche ermittelt werden konnte. Wenn man daraus ihre Schwingungszahl ν berechnete und dann durch Multiplikation mit h das zugehörige Energiequant ermittelte, so ergab sich $e = 7{,}8 \cdot 10^{-12}$ Erg.

Andrerseits mußten die stoßenden Elektronen, um ihre Energie an den Quecksilberdampf abgeben zu können, eine solche Geschwindigkeit haben, daß die Energie des einzelnen Elektrons ebenfalls $7{,}8 \cdot 10^{-12}$ Erg betrug.

Nachdem also das Quecksilberatom diese Energie aufgenommen hatte, wurde es dadurch instand gesetzt, eine elektrische Strahlung auszusenden von einer Schwingungszahl, die nach der Bohrschen Theorie gerade dieses Energiequantum verlangte.

Wenn man dann die Energie der stoßenden Elektronen vermehrte, indem man sie durch eine höhere elektrische Spannung beschleunigte, tauchten allmählich noch mehr Linien des Quecksilberspektrums auf, bis bei einer bestimmten Energie der Elektronen das ganze Spektrum erschien, so wie man es im Lichtbogen einer Bogenlampe schon beobachtet hatte. Ähnliche Versuche konnten dann für viele andere Stoffe durchgeführt werden.

Der Vorgang der Lichtaussendung.

Angesichts solcher Leistungen hat man die Bohrschen Auffassungen weiter verfolgt, obwohl noch nicht alle Schwierigkeiten aufgeklärt waren. Die Bohrsche Theorie ist eine Lichttheorie und eine Atomtheorie zugleich, da sie die Aussendung des Lichtes erklären will aus den Eigenschaften des Atoms, und darum ist sie für unsere Frage nach dem Aufbau des Atoms so bedeutungsvoll. Ihre Erklärung der Lichtaussendung ist kurz diese. Für gewöhnlich, das heißt solange nicht besondere Kräfte auf die Atome einwirken, befindet sich das Elektron des Wasserstoffs auf der kernnächsten Bahn. In diesem Zustand kann das Atom kein Licht aussenden. Wenn aber das Elektron auf eine fernere Bahn (wir können sagen, von unserem Aufenthalt auf der Erde her) auf eine höhere Bahn gehoben ist, dann kann es auf die erste Bahn zurückkehren und dabei Energie abgeben. Diese Energie gibt es in Form einer elektrischen Welle ab, und das ist das ausgesandte Licht. Wenn das Elektron nur auf die zweite Bahn gehoben wäre, so könnte es nur auf die erste zurückkehren und daher nur diese eine Energiemenge abgeben, d. h. es kann nur Licht dieser einen Schwingungszahl ausstrahlen. Das Spektrum würde nur aus einer Linie bestehen, wie es bei dem eben angeführten Beispiel des Quecksilbers der Fall war. Wenn das Elektron aber auf die dritte Bahn gehoben

wird, so kann es entweder sogleich von dort auf die erste
Bahn zurückkehren und dabei die viel größere Energie in
einer Welle von größerer Schwingungszahl aussenden. Oder
es kann in zwei Schritten zurückkehren, indem es erst von
der Bahn 3 nach 2 und dann von 2 nach 1 zurückkehrt. In
einer Gasmenge, deren Atome durch Heben der Elektronen
in die dritte Bahn „angeregt" sind, muß daher das Spektrum drei verschiedene Lichtwellen enthalten. Und erst wenn
die Elektronen ganz aus dem Bereich des Kerns herausgerissen wären, könnten sie in allen möglichen Stufen zur ersten
Bahn zurückkehren und also das ganze Lichtspektrum aussenden. Die Elektronenenergie, die das ganze Spektrum zur
Aussendung bringt, ist daher als Maß zu betrachten der
Energie, die notwendig ist, um das aussendende Elektron
ganz aus dem Bereich seines Atoms herauszureißen, mit andern Worten, die hinreichend und notwendig ist, um das
Gas zu ionisieren, eine Folgerung, die sich dann auch durch
Versuche bestätigt hat, indem man die Gasionen nachweisen
konnte. Vgl. die Tabelle S. 130.

In der Bohrschen Formel bedeutet also das n im zweiten
Glied die Nummer der Bahn, aus welcher das lichtaussen-
dende Elektron herkommt. Während das p im ersten Glied
die Bahn bezeichnet, zu welcher es hinfliegt. Bei allen Lichtwellen der Balmerschen Formel, wo $p = 2$ war, landeten
die Elektronen immer von irgendeiner Bahn n her in der
zweiten Bahn. Bei den Wellen der Reihe mit $p = 1$ kamen
die Elektronen von irgendeiner Bahn n her in die Bahn 1.
Und für $p = 3$ mündeten alle Übergänge in der Bahn 3.
Abb. 30 stellt das anschaulich dar.

Es ist daher mit dem Lichtaussenden ganz ähnlich wie
bei allen Vorgängen, bei denen ein Körper Energie abgibt.
Erst muß die Flinte geladen werden, dann kann man schießen, und nachdem abgeschossen ist, muß wieder von neuem
geladen werden, bevor man wieder schießen kann. Beim
Laden wird mit dem Schießpulver Energie zugeführt, die
beim Schießen teils in Bewegungsenergie der Kugel, teils in
Wärme verwandelt wird. Oder wenn man lieber einen andern
Vergleich will, das Wasser im Mühlweiher kann das Mühl-

rad drehen, aber wenn es das getan hat, ist es unten ange-
kommen und kann erst dann wieder wirken, wenn es wieder
(durch die Sonne, über die Wolken und den Regen oder
durch eine Pumpe oder, wie immer, durch Eimer in der
Hand) in den Weiher zurückgelangt ist. Was ist es nun, das
die Elektronen hochhebt oder, wie der Fachausdruck lautet,
das die Atome zur Lichtaussendung anregt? Der Ursachen
sind so viele, als es verschiedene Mittel gibt, den Atomen
eines Gases Energie zuzuführen.

Das erste Mittel ist *hohe Temperatur*. Schon in einer
Kerzenflamme beginnt das Natrium eines Kochsalzkörnchens
sein gelbes Licht auszusenden. Bei andern Stoffen sind aber

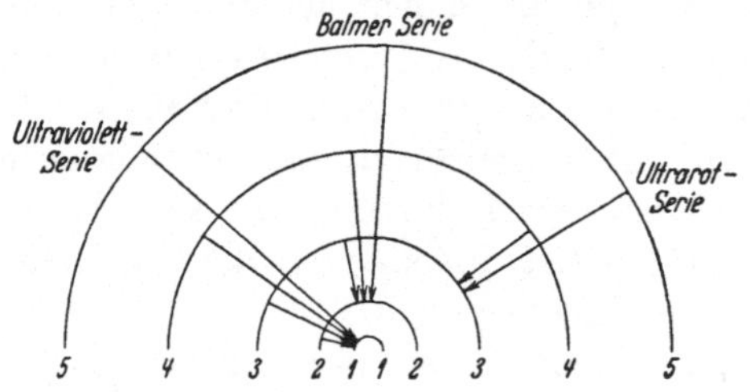

Abb. 30. Elektronenübergänge beim Aussenden der Lichtwellen.

höhere Temperaturen notwendig. Bei hohen Temperaturen
sind nämlich die Molekeln eines Gases in beständiger leb-
hafter Bewegung begriffen, sie stoßen häufig miteinander
zusammen, und dabei können und müssen die Elektronen im
allgemeinen aus ihrer Bahn herausgerissen werden auf eine
fernere Bahn. Bei nicht genügend hohen Temperaturen sind
diese Stöße zu schwach, aber von einer bestimmten Temperatur an werden immer eine genügende Zahl von Elektronen
in höhere Bahnen versetzt und können dann unter Aussendung von Licht in ihre ersten Bahnen zurückkehren. Wenn
nicht alle Stoffe bei derselben Temperatur zu leuchten an-
fangen, so bedeutet das nur, daß nicht alle Elemente mit der
gleichen Energie die Elektronen auf der ersten Bahn festhalten.

Eine andere Art der Lichtanregung besteht in der Einwirkung elektrischer Kräfte. Darauf beruht das Leuchten der
Gase, im kleinen in den Geißlerschen Röhren, im großen

in den so schön rot und farbig leuchtenden Lichtsäulen an
den Geschäftshäusern der Städte. Durch elektrische Kräfte
werden die Elektronen auf höhere Bahnen gehoben, um
dann beim Zurückfallen in die ersten Bahnen das glänzende
Licht auszusenden.

Für wissenschaftliche Untersuchungen sehr wichtig ist die
Anregung durch *Beschießen mit Kathodenstrahlen.* Diese
Art der Anregung ist für die Wissenschaft deshalb so wich-
tig, weil man durch genau ausgewählte elektrische Kräfte
den Elektronen eine beliebige, aber ganz bestimmte Geschwin-
digkeit geben kann. Man nennt die Art auch Anregung durch
Elektronenstoß. Sie wurde schon oben erwähnt, als wir das
Aufleuchten des Quecksilberdampfes besprachen.

Endlich können auch *Lichtstrahlen* selbst, die in ein Gas
eindringen, dieses zum Leuchten anregen. Auch diese Art der
Anregung ist für das Verständnis der Erregung sehr auf-
klärend gewesen. Es können nämlich zunächst nur solche
Lichtstrahlen wirksam gemacht werden, die dieselbe Wellenlänge, also auch dasselbe Energiequantum enthalten wie die
Welle, die nachher von dem Gas ausgestrahlt wird. Es wird
in dem Gas nicht sein ganzes Spektrum, sondern meist nur
die erste Linie des Spektrums erzeugt. Das ist aber nicht
etwa die Linie, die das kleinste Energiequantum fordern
würde, die also am weitesten im Ultrarot gelegen wäre, sondern das ist die Linie, die durch Rückkehr von der zweiten
Quantenbahn in die erste ausgesandt wird. Denn wenn das
Elektron in der ersten Bahn sich befindet, kann es in keiner
anderen Weise zum Aussenden von Licht angeregt werden,
als indem es zunächst auf die zweite Bahn gehoben wird. Da
also hier dieselbe Lichtlinie erzeugt wird, die auch einge-
strahlt wurde, nennt man diese Art der Ausstrahlung auch
Resonanzstrahlung, da sie ganz ähnlich erfolgt wie das Mit-
klingen einer frei beweglichen Klaviersaite, wenn ihr eigener
Ton in der Luft erregt ist.

Der Gültigkeitsbereich der Formel.

Die Bohrsche Formel setzt voraus, daß es sich um *ein*
Elektron in Wechselwirkung mit einem positiv geladenen

Kern handelt. Man hat Veranlassung, anzunehmen, daß die Wasserstoffatome so aufgebaut sind. (Im folgenden wird das noch näher begründet werden.) Tatsächlich gilt die Formel, wie schon erwähnt, für Wasserstoff mit großer Genauigkeit. Wir nehmen ferner an, daß ein Heliumatom aus einem schwereren Kern $He = 4$ und zwei Elektronen besteht. Dann muß auch die Kernladungszahl $z = 2$ sein. Wenn man dieses Atom ionisiert, d. h. wenn man ihm ein Elektron fortnimmt, so besteht der Rest, das Heliumion, wieder aus dem Kern und *einem* Elektron. Und für die Lichtschwingung des Heliumions kann man wieder aus der Bohrschen Formel die Schwingungszahlen berechnen, indem man nur $z = 2$ einsetzt. Dasselbe ist der Fall, wenn man ein Lithiumatom doppelt ionisiert, ihm also 2 Elektronen nimmt, dann bleibt ebenfalls nur ein Kern (jetzt mit der Ladungszahl $z = 3$) und mit einem Elektron zurück. Es gilt wieder die Bohrsche Formel, nur daß neben die Konstante R jetzt die zwei- oder dreifache Kernladung z zu setzen ist. In allen diesen Fällen haben sich die Lichtlinien, soweit sie beobachtet wurden, genau so ergeben, wie sie berechnet waren.

Wenn Atome mehrere Elektronen enthalten, sind die Ableitungen nicht mehr zutreffend. Denn es müssen dann auch die Elektronen aufeinander wirken, wie schon erwähnt wurde. Aber daraus folgt nicht, daß die ganze Grundauffassung der Lichtaussendung dann nicht mehr gilt. Auch hier müssen die Atome erst zur Lichtaussendung angeregt werden, was dadurch geschieht, daß wenigstens ein Elektron in eine höhere Bahn gehoben wird und dann bei der Rückkehr die frei werdende Energie e ausstrahlt als ein Lichtquant, d. h. mit der Schwingungszahl $\nu = e/h$. Nur kann man diese Energie nicht mehr in so einfacher Weise berechnen. Aber es sind viele Gesetzmäßigkeiten bekannt, aus denen wir schließen müssen, daß die Lichtaussendung wirklich in dieser Weise vor sich geht.

Ellipsenbahnen der Elektronen.

Als man die Lichtwellen mit immer wirksameren Geräten untersuchte, d. h. mit Geräten, die eine Strahlung schon dann

als zusammengesetzt auswiesen, wenn die Schwingungszahlen
nur wenig verschieden waren, fand man doch, daß mit der
bisherigen Formel nicht alle Einzelheiten der Strahlung erfaßt waren. Da erinnerte man sich daran, daß die Sterne auf
ihrer Bahn sich nicht immer in Kreisbahnen, sondern nach
den Keplerschen Gesetzen sogar meistens in Ellipsen bewegten. Die Energie in einer Ellipsenbahn ist für die Himmelskörper gleich der Energie der Kreisbahn, wenn die große
Achse der Ellipse gleich ist dem Durchmesser der Kreisbahn. Bei Elektronen, die auf elliptischen Bahnen umlaufen,
liegen die Verhältnisse etwas verwickelter, weil die Masse des

Elektrons bei der größeren
Geschwindigkeit, die es in
Kernnähe besitzt, etwas grö-
ßer ist als bei der kleineren
Geschwindigkeit in größeren
Abständen (S. 57). Da-
durch kommt es, daß die
Ellipsen sich auch langsam
um den Kern drehen. Die
Bahn des Elektrons wird wie
in Abb. 31 angedeutet ist.
Dann kommen aber auch et-
was andere Energiewerte der

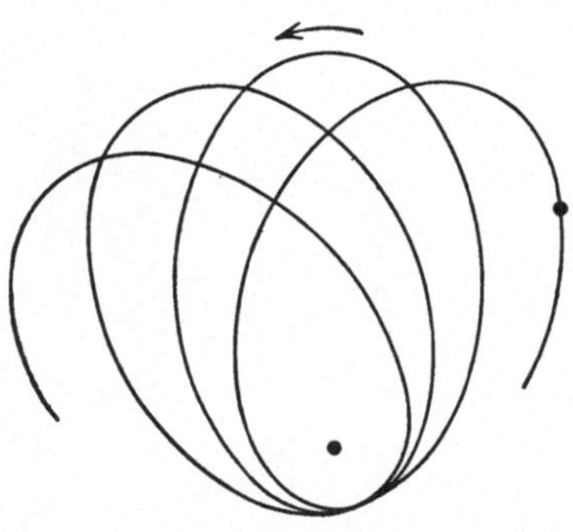

Abb. 31. Die Elektronen bewegen
sich auf umlaufenden Ellipsen.

Bahnen, und folglich andere Schwingungszahlen heraus. Und
man fand, daß diese Zahlen die beobachteten kleinen Abweichungen sogar sehr gut darstellen, wenn man dazu annahm, daß die Nebenachsen der Ellipsen in ähnlicher Weise
wie die Hauptachsen „gequantelt" waren. Das soll heißen,
es waren auch für die Nebenachsen nicht beliebige Werte
anzusetzen, sondern es galten auch da ganz bestimmte Regeln, die eine freie Auswahl stark beschränkten. Diese Regeln
waren folgende. Die Nebenachse konnte höchstens gleich der
Hauptachse werden, niemals größer. Sie konnte aber wohl
kleiner sein als die Hauptachse, dann war sie aber immer um
eine oder mehrere ganze Zahlen kleiner. Wir werden im
folgenden die Nebenachsen durch eine kleiner gedruckte
Zahl, die an der Hauptzahl unten angefügt ist, kenntlich

machen. Ist die Nebenachse gleich der Hauptachse, so bedeutet das Bewegung auf einem Kreis, so bedeutet 2_2, 3_3 Kreisbewegung auf der zweiten oder dritten Bahn. Dagegen würde 3_1 eine Ellipse bedeuten. Die Hauptachse habe die Länge des dritten Kreises, aber die Nebenachse nur ein Drittel dieser Länge. Nach dieser Regel ist für die erste Bahn nur die Formel 1_1 möglich, also nur Bewegung auf einer Kreisbahn. Die Bahn 2 erlaubt die Nebenachsen 2 und 1, also die beiden Bahnen 2_2 und 2_1. Für die dritte Bahn sind die Nebenachsen 3, 2 und 1 möglich. 3_3 ist wieder die Kreisbahn, 3_2

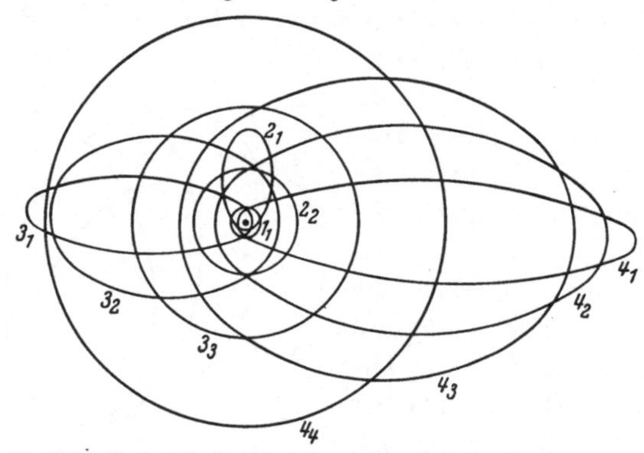

Abb. 32. Die Gesamtheit der vier ersten Quantenbahnen für das Wasserstoffelektron.

ist eine gedrungene, 3_1 eine langgestreckte Ellipse. Ähnlich sind für die vierte Bahn die Werte 4_4, 4_3, 4_2, 4_1 möglich. Zur deutlichen Angabe der Bewegung eines Elektrons war also die Angabe von zwei Quantenzahlen erforderlich. Abb. 32 stellt danach die Gesamtheit aller vier ersten Bahnen des Wasserstoffelektrons dar.

Wie man sieht, kann man eigentlich gar nicht mehr von der ersten, dritten, vierten *Bahn* sprechen, es sind jedesmal mehrere Bahnen, man hat deshalb lieber von Schalen gesprochen, zuletzt war auch diese Bezeichnung zu anschaulich, es handelt sich vielmehr nur um verschiedene Energiestufen. Von einer irgendwie zu bezeichnenden einheitlichen Form der Bewegung auf einer Bahn kann höchstens bei der ersten Stufe die Rede sein.

Da nun für diese Annahmen sich eine so große Reihe von Bestätigungen ergab, so haben wir dadurch auch für den Aufbau des Atoms ganz wesentlich neue Einblicke bekommen, zunächst für das Wasserstoffatom, und dann auch für das einfach geladene Heliumion. Bei den übrigen Stoffen, denen wir eine größere Zahl von Elektronen zuschreiben müssen, fehlt uns noch ein Gesetz, nach dem wir die Zahl der Elektronen bestimmen könnten und ihre Anordnung im Atom. Auch diese Frage sollte bald eine Lösung finden, von einer Seite her, von der es niemand vermutet hätte. Es war das Spektrum der Röntgenstrahlen.

12. Die Röntgenstrahlen bestätigen die gewonnenen Erkenntnisse.

Das Wesen der Röntgenstrahlen.

Wer als erwachsener Mensch die Entdeckung der Röntgenstrahlen miterlebt hat, der weiß auch, daß sie vom ersten Tage an ein großer Segen gewesen sind für die leidende Menschheit. Zu einer wissenschaftlichen Bedeutung gelangten sie zuerst auf dem Umweg über die Radioaktivität, zu deren Entdeckung, wie bereits erwähnt, sie den Anstoß gaben. Wissenschaftliche Erfolge aus den Röntgenstrahlen selbst ließen zunächst auf sich warten: Man wußte nämlich gegen 20 Jahre lang nicht recht, was man in den Röntgenstrahlen eigentlich vor sich hatte. Die Versuche, ausgeschleuderte Teilchen mit elektrischen Ladungen bei ihnen zu entdecken, waren alle fehlgeschlagen. So blieb nur noch die Vermutung, daß sie ähnlich wie die Gammastrahlen des Radiums eine elektromagnetische Welle vorstellten. Aber auch diese Auffassung wollte sich nicht zur Zufriedenheit der Forscher durch die Versuche bestätigen.

Solche Wellen werden dadurch nachgewiesen, daß man ihre eigentümlichen Eigenschaften, wie Interferenz, Polarisation, Wellenlänge bestimmt. Alles das wollte hier nicht gelingen. Schließlich blieb nur noch der Ausweg aus den Schwierigkeiten, daß man annahm, sie bestehen aus einer

Welle von außerordentlich kleiner Länge, so daß unsere bisherigen Versuchsanordnungen, die für Lichtwellen, höchstens für die ultravioletten Lichtwellen eingerichtet waren, für diese kleinen Wellen viel zu grob seien. Der Nachweis der Wellenlänge geschieht nämlich im wesentlichen in derselben Weise, wie oben (S. 90) beschrieben wurde. Man läßt die Strahlung auf ein Gitter fallen. Wir haben schon früher erfahren, daß das Gitter um so feiner sein muß, je kürzer die zu messende Wellenlänge ist. Die wirklich gebrauchten Gitter bestehen aus einer gut geschliffenen Glasplatte, aus der man ein Gitter herstellt, indem man mit einem feinen Diamanten eine große Zahl Striche, ganz nahe beieinander, alle im gleichen Abstand einritzt. Das gelingt schließlich zur Zufriedenheit mit eigens dafür gebauten Maschinen. Die feinsten derartigen Gitter haben bis 1000 Striche auf 1 mm. Da diese Gitter keine Beugungsbilder von Röntgenstrahlen zeigten, so mußte man annehmen, daß sie noch viel zu grob seien; aber noch feinere Gitter herzustellen, lag nicht im Bereiche menschlichen Könnens.

Da machte 1912 von Laue darauf aufmerksam, daß uns die Natur selber die notwendigen Gitter schon lange zur Verfügung gestellt habe in den Kristallen. In den Kristallen ist aus dem gesetzmäßigen äußeren Aufbau des Ganzen sogleich zu schließen auf eine gesetzmäßige Lagerung der Teilchen. Man vermutete, daß in den besonders regelmäßig aufgebauten Systemen die verschiedenen Atome, wie in den Ecken eines Würfels angeordnet seien. Man konnte dann sogar die Seitenlänge des Würfels sogleich angeben. Zum Beispiel ein Kochsalzwürfel von 1 cm Kantenlänge läßt sich aus einem größeren Kristall leicht herstellen, er wiegt dann 2,2 Gramm. Dann nimmt 1 Gramm Kochsalz den Raum von 1/2,2 ccm ein. Nun ist das Molekulargewicht des Kochsalzes $23 + 35,5 = 58,5$. Eine Grammolekel wiegt also 58,5 Gramm und enthält $6 \cdot 10^{23}$ Molekeln. Da 1 Gramm 1/2,2 ccm Raum einnimmt, so beanspruchen 58,5 Gramm den Raum von 58,5/2,2 ccm. Darin sind $6 \cdot 10^{23}$ Molekeln enthalten, und folglich ist der Raum einer Molekel der entsprechende Teil davon, und da die Molekel aus 2 Atomen besteht, ist der

Raum eines Atoms davon wieder die Hälfte. Wenn man sich diesen Raum als Würfel denkt, ergibt sich die Kante des Würfels als die dritte Wurzel daraus. Man findet

$$\frac{58,5}{2,2 \cdot 6 \cdot 10^{23} \cdot 2} = 24,4 \cdot 10^{-24}\ \text{ccm}$$

und daraus die dritte Wurzel gibt $2,9 \cdot 10^{-8}$ cm. Dieser Abstand je zweier Atome im Kristall spielt bei der Messung der Röntgenstrahlen dieselbe Rolle, wie der Abstand je zweier schwarzer Striche bei der Messung des sichtbaren Lichtes. Der Kochsalzkristall ist also gleichwertig einem Gitter mit mehr als drei Millionen Strichen auf einem Millimeter. So klein und fein kann allerdings nur die Natur selber arbeiten, die das einzelne Atom erfaßt und lenkt nach ihren Gesetzen.

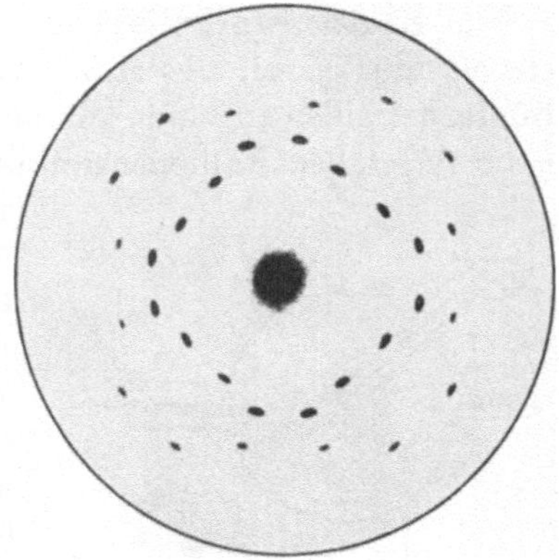

Abb. 33. Beugungsspektrum mit Röntgenstrahlen von Zinkblendekristall nach Friedrich und Knipping.

Mit diesen Kristallgittern suchte man nun eine Beugung der Röntgenstrahlen festzustellen und hatte auch sogleich Erfolg damit. Nur ist zu beachten, daß man es in den Kristallgittern nicht mit einer sorgfältig gerichteten Reihe nebeneinanderliegender Linien zu tun hat. Im Kristall ordnen sich die beugenden Punkte gesetzmäßig nach allen Richtungen. Man bekommt darum Beugungsbilder nicht bloß rechts und links von dem ungebeugten Strahl, wie in Abb. 27, sondern rings herum. Abb. 33 gibt ein Bild einer solchen Aufnahme wieder, die mit Zinkblende erhalten wurde. Die Ermittlung der Wellenlänge aus diesen Aufnahmen erforderte sorgfältige Überlegung, gelangte aber doch zu ganz eindeutigen Ergebnissen. Danach beträgt die Wellenlänge der Röntgenstrahlen, wenn wir von den äußersten Werten zu beiden Seiten absehen, rund zwischen 10 und 0,01 Millionstel Millimeter oder von 10^{-5} bis 10^{-8} mm. Sie sind also etwa zehntausendmal kleiner als die sichtbaren Lichtwellen und gehören zu den kleinsten Erstreckungen, die Menschenwitz bisher auszumessen verstanden hat. Die Messungen waren aber nicht etwa bloße Schätzungen, es waren wirkliche, mit Sicherheit ermittelte Größen, so daß, wenn heute in Berlin ein Physiker solche Zahlen veröffentlicht hatte, morgen in Amerika ein anderer das nachprüfen, es bestätigen oder vielleicht einen Meßfehler entdecken konnte.

Das Röntgenspektrum.

Nun zu den Ergebnissen der Messungen. Um das zu verstehen, müssen wir uns zuvor erinnern, in welcher Weise die Röntgenstrahlen zustande kommen. An einer luftleeren Röhre (Abb. 34) fallen Kathodenstrahlen von K mit großer Wucht auf einen Metallblock B (die Antikathode), dann gehen von dem Metallstück die Röntgenstrahlen nach G aus. Da das Metallstück bei starker Beschießung sehr hoch erhitzt wird, so ist meist eine eigene Kühlung D angebracht. Auch verwendet man mit Vorliebe Metalle, die nicht leicht

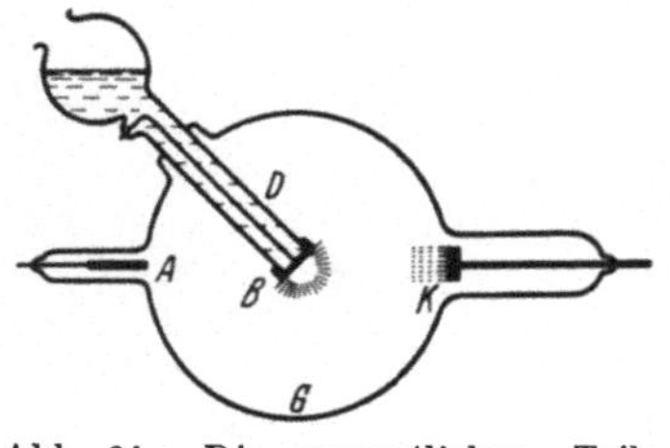

Abb. 34. Die wesentlichen Teile einer Röntgenröhre.

schmelzen, als solche wird nun vor allem das Wolframmetall verwendet. Aber zuvor war doch untersucht, ob die verschiedenen Metalle, die als Antikathode verwendet werden, auf die Röntgenstrahlung einen Einfluß hätten. So hatte sich folgendes ergeben.

Aus den Röhren erhält man ein doppeltes Spektrum von Röntgenstrahlen übereinander gelagert. Zuerst bemerkt man ein sogenanntes kontinuierliches Spektrum, das, ohne besondere Einzelheiten erkennen zu lassen, die Platte schwärzt. Es ist jedoch von dem Lichtspektrum dadurch unterschieden, daß es nach dem Ende der kurzen Strahlen jäh abfällt. Man kann also eine gewisse Strahlenart als kürzeste bezeichnen, während sich beim Licht die Stärke der Strahlen langsam verringert bis zum vollen Verschwinden. Diese Grenzstrahlen waren um so kürzer, je höher die Wucht der auftreffenden Kathodenstrahlen gewesen war. Solche kurzwellige Strahlen haben auch das größte Durchdringungsvermögen oder die größte Härte. Das Ergebnis war daher für die Erzeugung harter Strahlen von großer Bedeutung. Es hat aber auch der Wissenschaft einen wichtigen Dienst geleistet. Da nach den Annahmen der Quantenlehre die Wellenlänge bestimmt ist durch die Größe der Energiequanten, die die Welle erzeugt haben, so muß man schließen, daß diese Strahlen größter Schwingungszahl erzeugt werden von den Elektronen mit größter Energiemenge. Nun ist grundsätzlich die Energie der Kathodenstrahlen gegeben durch die elektrischen Kräfte, von denen sie beschleunigt wurden. Jedenfalls kann kein Elektron eine größere Energie haben, als sich daraus berechnen läßt. Wohl aber können manche Elektronen auf ihrem Weg zur Antikathode durch Zusammenstoß mit anderen Teilchen von ihrer Energie verloren haben. Man mußte also schließen, daß diese größten Schwingungszahlen erhalten wurden von Teilchen der größten Energie. Dann war aber in der Gleichung $e = h\nu$ die Energie e bekannt. Außerdem konnte die Wellenlänge der kürzesten Röntgenstrahlen gemessen werden, dadurch war auch ν bekannt. Dann ergab sich daraus der Wert von h sogar mit großer Genauigkeit.

Neben dem kontinuierlichen Spektrum, vielmehr darüber ausgebreitet und erkennbar durch eine größere Schwärzung der lichtempfindlichen Platte fand man nun noch ein Linienspektrum. Es wurden Strahlen von bestimmter Wellenlänge ausgesandt, aber Strahlen von nahe gleicher Wellenlänge fehlten, kurz die Erscheinung war ähnlich wie bei dem Lichtspektrum der Gase. Und hier zeigte sich nun ein Einfluß des Metalls der Antikathode. Bald konnte man feststellen, daß die Linienspektra der Röntgenstrahlen den verschiedenen festen Stoffen ebenso eigentümlich waren wie die Lichtstrahlen den leuchtenden Gasen. Man konnte die Metalle an ihrem Röntgenspektrum stets wiedererkennen. Die entscheidende Entdeckung gelang hier dem jungen englischen Physiker Moseley. Wenn man die Röntgenspektra möglichst aller Metalle herstellte, so zeigte sich schon bald eine gewisse Verwandtschaft. Unter den Linien waren immer einige, die mit einer gewissen Regelmäßigkeit stärker hervortraten. Und auch in dem Abstand der Linien zeigten sich Regelmäßigkeiten, indem immer mehrere Linien in Gruppen beieinander lagen, während die verschiedenen Gruppen einen größeren Abstand voneinander hatten. Und diese Gruppenbildung war bei den verschiedenen Stoffen durchaus ähnlich, nur bei den schwereren immer weiter nach den kürzeren Wellen hinwandernd. Man nannte die erste Gruppe K-Gruppe, dann die folgenden L-, M-, N-, O-, P- ...Gruppe, die letzteren Gruppen traten aber bei den leichteren Elementen überhaupt nicht auf, sondern kamen erst von einem bestimmten Element an zur Ausbildung, um dann bei allen schwereren Elementen immer zu bleiben. Abb. 35 zeigt die Linien der K-Gruppe für einige Elemente. Man sieht leicht, wie die beiden Linien gleichen Abstand haltend bei wachsendem Atomgewicht immer weiter zu kürzeren Wellenlängen übergehen in merklich gleichen Stufen. Wo ein Element ausgefallen ist (35—37) ist die Verschiebung doppelt so groß, noch mehr, wo zwei (38—41) und drei (41—45) ausgefallen sind. Moseley verglich nun die Schwingungszahlen der stärksten Linie in der K-Gruppe, die immer an dem langwelligen Ende dieser Gruppe lag. Und er fand das überraschende Ergebnis, daß *die Gesamtheit* dieser Linien *für alle Elemente* in die Bohrsche Formel paßten, wenn man darin $p = 1$ und $n = 2$ setzte. Wenn dann die Zahl z von Element zu Element jedesmal um eine Einheit größer wurde, so erhielt man aus der Formel die Gesamtheit der stärksten K-Linien. Ebenso erhielt man die schwächere aber kürzere K-Linie für alle Elemente, wenn man mit derselben Zahl z wie eben nur $p = 1$ und $n = 3$ setzte.

Die Gesetzmäßigkeit ging aber noch viel weiter. Wenn man wieder mit denselben Werten von z für die verschiedenen Elemente $p = 2$ und $n = 3$ einsetzte, so ergab die Bohrsche Formel die Gesamtheit der stärksten Linien der L-Gruppe, während $n = 4, 5 \ldots$ die übrigen Linien der L-Gruppe ergab.

So ging es weiter, $p = 3, 4, 5 \ldots$ gab alle Linien der folgenden Gruppen. Während also die Bohrsche Formel für

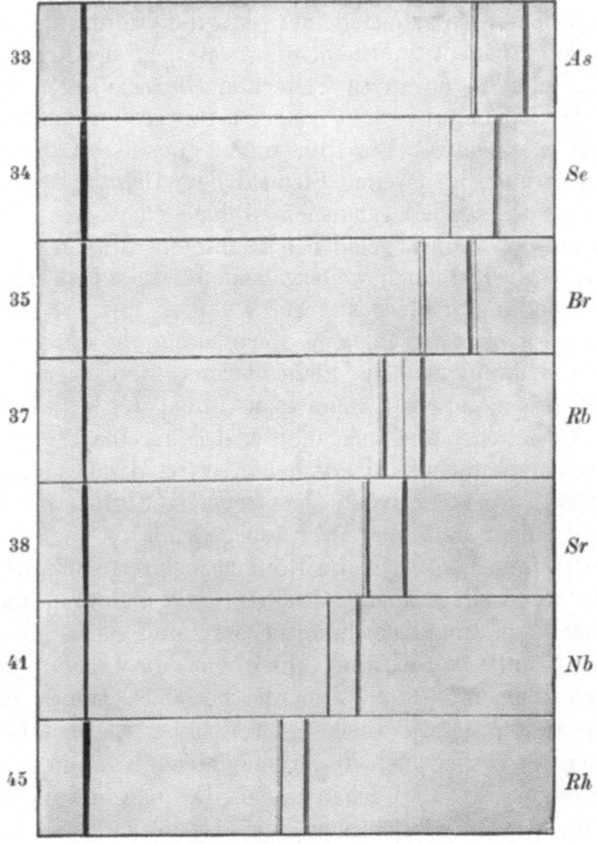

Abb. 35. Röntgenstrahlen der K-Gruppe bei verschiedenen Elementen. Der Ausfall des einen Elements 36, dann der zwei Elemente 39, 40, endlich der drei Elemente 42, 43, 44 tritt durch die stärkere Verschiebung aller Linien bei dem folgenden Element deutlich hervor.

die Lichtlinien nur gültig war, wenn es sich um Stoffe mit einem Elektron handelte, erhielt man die richtigen Röntgenlinien für das ganze System der Elemente.

Folgerungen für den Atombau.

Daraus ergab sich dann eine ganze Reihe der wichtigsten Folgerungen für den Bau des Atoms. Da die Zahl z in der Bohrschen Formel die Anzahl Elementarladungen des Atomkerns bedeutet, so sah man hier, daß die Ladung des Atomkerns von Element zu Element um eine Einheit, die gleich der Ladung des negativen Elementarteilchens war, zunahm. Und da die Ladung des Wasserstoffatoms schon bekannt war als 1 negatives Elektron und 1 positive Ladung des Kerns, da auch im zweiten Element dem Helium sowohl das Auftreten des doppelt geladenen Alphateilchens wie auch das Spektrum des einfach geladenen Heliumions die Kernladung 2 ergaben, so erhielt man weitergehend für das dritte Element die Kernladung 3, für das vierte 4 und so fort für alle Elemente des ganzen Systems eine Kernladung, die immer gleich war der Ordnungszahl des Elements im periodischen System.

Auch hier ergab sich, wenn man einmal wegen des chemischen Verhaltens annehmen mußte, daß an einer Stelle noch ein unbekannter Stoff einzuschalten wäre, dann zeigte auch das Röntgenspektrum, daß der folgende Stoff zwei Kernladungen mehr hatte als der vorausgehende.

Weiter fand man, daß die Röntgenspektren auch erhalten blieben, wenn ein Element mit einem oder mehreren anderen zu einer Legierung verschmolzen war und dann als Antikathode benutzt wurde. Man erhielt dann die Linien aller beteiligten Elemente. Nur waren die einzelnen Linien um so stärker ausgeprägt, je reicher ein Element in dem Ganzen vertreten war. Aber auch in geringer Menge vorhandene Elemente zeigten ihre schwachen Linien. Da man nun im voraus auch von jedem unbekannten Element die kennzeichnenden Linien angeben konnte, so brauchte man nicht mehr erst ganze Auflösungen von Gesteinen vorzunehmen, um der Anwesenheit eines bisher unbekannten Elements nachzuspüren, man konnte an einer Probe sogleich sehen, ob das Element darin war und dann die Anreichung und Reindarstellung vornehmen. In Wirklichkeit wurden seitdem alle Entdeckungen neuer Elemente mit Hilfe des Röntgenspektrums gemacht. Das Spektrum zeigte zuerst, ob von dem gesuchten Element etwas in dem Mineral vorhanden war. Dann begann man mit dem Herauslösen und Reindarstellen desselben. So wurden seitdem die noch vorhandenen leeren Stellen des Systems bis auf zwei sehr schnell gefüllt.

Da die Zahl der Elektronen bei allen Elementen gleich der Zahl der Kernladungen sein mußte, um das Ganze nach außen ungeladen zu machen, so war damit zugleich bewiesen, daß auch die Zahl der Elektronen in der Umgebung des Kernes von 1 beim Wasserstoff und 2 beim Helium sich durch das ganze System nach der Ordnungszahl vermehrte, bis zum letzten Element dem Uran, dessen Kern von 92 Elektronen umgeben war.

Mit gespannter Erwartung sah man jetzt auf die Stellen des periodischen Systems, an welchen man von der regelmäßigen Zunahme des Atomgewichts hatte abweichen müssen, um zu einer richtigen Anordnung nach dem ganzen chemischen Verhalten zu kommen. Die getroffene Wahl wurde durch das Röntgenspektrum ausnahmslos bestätigt. Seitdem hat man nicht mehr das Atomgewicht, sondern die Kernladung der ganzen Anordnung zugrunde gelegt, und damit ist jede Unregelmäßigkeit in der Anordnung verschwunden. Die Kernladung nimmt durch das ganze System von Element zu Element jedesmal um eine Einheit zu. Das Atomgewicht ist dabei nicht von ausschlaggebender Bedeutung, da auch schon die Isotope gezeigt hatten, daß zu demselben Element oft, sogar meistens, Atome von verschiedenem Gewicht gehören, und da es sich weiter zeigt, daß Atome desselben Gewichts, je nach der Kernladung, verschiedenen Elementen zuzuordnen sind. So kennen wir mit dem Atomgewicht 96 sogar drei Stoffe, Zirkonium, Molybdän und Ruthenium.

Wir würden dieselbe Anordnung erhalten, wenn wir statt der Kernladung die Elektronenzahl zugrunde legen würden. Da aber die Zahl der Elektronen nicht in gleicher Weise fest mit dem Atom verbunden ist, so zieht man es vor, die Kernladung zum Maßstab zu wählen. Denn in den ionisierten Elementen sind es ja die Elektronenzahlen, die eine Störung erleiden und eben dadurch die einfachen Atome zu Ionen der Atome machen. Die positiven Ionen haben ein Elektron aus ihrer Wolke verloren, die negativen eines (oder gar mehrere bei den mehrwertigen Ionen) zu der gewöhnlichen Zahl hinzugewonnen. Demgegenüber bleibt die Kernladung unverändert dieselbe, und sie ist es sogar, die immer wieder die gleiche Anzahl Elektronen an sich zieht und dadurch das vollständige Atom wieder herstellt. Man muß deshalb in dem Kern den wesentlichen Bestandteil des Atoms erblicken.

13. Die Elektronen und ihre Anordnung in den Atomen.

Mit dem Gewonnenen sind wir in der Kenntnis des Atoms und seines Aufbaus wieder einen bedeutenden Schritt weitergekommen. Wir kennen die Zahl der Elektronen, die den Kern umkreisen bei allen Elementen. Die Änderung der Zahl erfolgt nach einem außerordentlich einfachen Gesetz. Der erste Stoff H hat ein Elektron, der zweite He hat zwei usw., so daß der Atomnummer, die in der Tabelle S. 22 in der ersten Spalte vorangestellt wurde, zunächst einfach zum Zählen der Elemente, nun die Bedeutung zukommt, daß sie sofort die Ladung des Kerns bezeichnet und die Anzahl der Elektronen, die im ungestörten Zustand den Kern umkreisen.

Wir können uns nicht gut vorstellen, daß diese Elektronen ganz ungesetzlich und ungeregelt ihren Weg nehmen. Denn die Vorgänge am Atom sind alle weitgehend nach Gesetzen geregelt. Es bleibt uns daher die Aufgabe, zu erforschen, wie wir uns die verschiedenen Elektronen angeordnet zu denken haben. Schon die Verwandtschaft mit den Bohrschen Kreisen für das Wasserstoffatom legt uns den Gedanken der Anordnung nahe. Es gibt für alle Stoffe gewisse Kreise oder Schalen um den Kern, die von den Elektronen besetzt werden.

Wollen wir diese Anordnungen aber nicht willkürlich aus unserer Einbildungskraft hervorzaubern, so müssen wir uns zuerst fragen, welche Anhaltspunkte wir denn noch haben, um auf eine bestimmte Anordnung schließen zu können. Es sind vor allem drei große Gruppen von Erscheinungen: das ganze chemische Verhalten der verschiedenen Elemente, das ausgesandte Licht und die eigentümlichen Röntgenstrahlen.

Die Elektronen und das chemische Verhalten der Elemente.

Wir erfuhren schon bei Besprechung der Elektrolyse, daß das chemische Verhalten der Elemente, wie es sich in der Wertigkeit ausspricht, sehr innig mit der elektrischen Ladung zusammenhängt. Diese Wertigkeit ist aber eine periodisch wiederkehrende Eigentümlichkeit. Es wird dadurch eine Elektronenanordnung nahegelegt, bei der gewisse gleiche Verhältnisse periodisch wiederkehren. Einen gewissermaßen festen Ausgangspunkt für die weiteren Überlegungen bildet nun das Verhalten der Edelgase. Sie haben die Wertigkeit Null, d. h. sie vereinigen sich nicht mit anderen Elementen, und sie bilden auch in Flüssigkeiten keine Ionen, d. h. sie nehmen nicht leicht ein neues Elektron auf, noch geben sie leicht eines ab. Man muß also bei ihnen auf eine besonders feste und abgeschlossene Anordnung der Elektronen schließen. — Auf die Edelgase folgt durch das ganze System als Gruppe I in der Tabelle S. 35 jedesmal ein positiv einwertiges sogenanntes Alkalimetall, Li, Na, K, Rb, Cs. Sie bilden alle als Salze in Wasser positive, einfach geladene Ionen, das bedeutet, sie geben leicht ein, aber nur ein Elektron ab. Man muß also schließen, daß eine Anordnung vorliegt, bei der ein Elektron weniger fest mit dem übrigen Teil des Atoms verbunden ist. Und die an zweiter Stelle den Edelgasen folgen, sind sämtlich positiv zweiwertige Stoffe, die in Flüssigkeiten doppelt geladene Ionen bilden, sie benehmen sich so, als ob zwei Elektronen leichter von dem übrigen Teil getrennt werden könnten. — Umgekehrt ist es mit den Stoffen, die den Edelgasen gerade vorangehen, es sind durch das ganze System hindurch (Gruppe VII) die sogenannten Salzbildner Fluor, Chlor, Brom und Jod. Sie bilden in Flüssigkeiten negativ einwertige Ionen, das will sagen, daß sie gern und leicht zu ihrem Gehalt an Elektronen noch eines hinzunehmen und dadurch negativ elektrisch geladen werden, während die um zwei Stellen vorhergehenden negativ zweiwertige Ionen bilden. Endlich hat es sich gezeigt, daß die in den mittleren Gruppen stehenden Elemente in ihrem chemischen Verhalten weniger bestimmt sind, sie können bald als positive und bald als negative Bestandteile auftreten. Je nach den äußeren Verhältnissen verbinden sie sich mit Atomen, die leicht Elektronen abgeben oder auch mit solchen, die leicht Elektronen aufnehmen.

Aus alledem hat man geschlossen, daß die Elektronen in einer Art Zonen oder Schalen um den Kern angeordnet sind. Die verschiedenen Schalen sind ähnlich, wie sie B o h r schon für das eine Wasserstoffelektron angenommen hatte, gesetzmäßig bestimmt. Nun werden diese Bahnen oder Schalen bei zunehmender Kernladung der Reihe nach von Elektronen besetzt. Bei einem Edelgas nimmt man an, daß eine Schale gerade vollkommen angefüllt ist. Das folgende Alkalimetall beginnt jedesmal eine neue Schale. Es hat ein Elektron allein auf seiner äußersten Schale. Bei dem nächsten Stoff sind es aber schon zwei. Diese ersten Elektronen, die sich allein auf der äußersten Schale befinden, können leicht ganz von dem Atom getrennt werden. Umgekehrt, bei den Stoffen, die dem Edelgas vorausgehen, fehlt gerade noch ein Elektron an der vollen Besetzung der letzten Schale. Indem sie diese Besetzung mit einem Elektron vornehmen, laden sie sich selbst negativ und werden zu einem einwertigen negativen Ion. Die elektrische Ladung des Kerns wächst von Element zu Element um eine Einheit, damit wird auch die Anziehung auf die umkreisenden Elektronen immer stärker, die Elektronen rükken näher an den Kern heran. So kommt es, daß die Volumina aller Elemente trotz der starken Zunahme des Atomgewichtes von 1—238 doch nur wenig anwachsen. Aber mit einem Alkalimetall, also mit dem Besetzen einer neuen Schale, wird das Atomvolum, wie schon Abb. 6 S. 37 zeigte, jedesmal sprunghaft größer. Bei den folgenden Atomen nimmt es sogar wieder ab. Wir können uns leicht denken, daß zwei Elektronen nicht mehr Raum brauchen als eines, wenn sie beide in demselben Abstand den Kern umkreisen. Wenn aber wegen der stärkeren Kernladung die zwei Elektronen noch stärker, also näher herangezogen werden, so ist es durchaus verständlich, daß der Raum für das Atom bei zwei Elektronen auf der äußersten Bahn sogar noch kleiner ist als bei einem. Wenn aber die Schalen nahezu voll mit Elektronen besetzt sind, stoßen sich auch die benachbarten Elektronen ab und erweitern dadurch den Kreis. Daher ist es verständlich, daß trotz der zunehmenden Kernladung schließlich bei den Edelgasen das Atomvolum schon wieder etwas zunimmt, wie Abb. 6 S. 37 es zeigt.

Jetzt wundern wir uns nicht mehr über den gleichen Lauf der Wertigkeit mit der Ionenladung bei der Elektrolyse. Die Wertigkeit ist bedingt durch die Anzahl der Elektronen auf der äußersten unvollendeten Schale, sei es der Zahl der Elektronen, die schon teilweise die letzte Schale füllen, sei es der Zahl, die an der vollen Besetzung noch fehlt. Wenn über die nächst kleinere Edelgasanordnung noch 1, 2, 3 Elektronen vorhanden sind auf der folgenden Schale, so ist das Element positiv 1-, 2-, 3wertig. Wenn an der vollen Besetzung noch 1, 2, 3 Elektronen fehlen, nimmt es leicht diese fehlenden noch hinzu und erscheint dann als negativ 1-, 2-, 3wertig.

Wir müssen daher annehmen, daß in der Natur ein gewisses Bestreben besteht, die Edelgasanordnung der Elektronen herauszubilden, also die Schalen gerade mit ihrer ganzen Besetzung zu versehen. Wo immer in den Elektrolyten sich Ionen bilden, da hat das Atom entweder seine unvollendeten Schalen abgebaut und damit die Elektronenverteilung des nächstniedrigen Edelgases herausgebildet, oder es hat die an der vollen Zahl noch fehlenden Elektronen ergänzt und damit die Elektronenordnung und Zahl des nächsthöheren Edelgases erreicht. In den Elektrolyten findet diese Ausbildung der Edelgasverteilung zugleich mit der Ionenbildung immer von selbst statt. In den Gasen muß sie durch Fortfangen der überflüssigen Elektronen ausgebildet werden. Dabei zeigt sich die Vorliebe der Natur für die vollgefüllten Schalen ganz deutlich darin, daß es sehr schwer ist, von einer Edelgasordnung ein Elektron fortzufangen, also die Edelgasordnung zu zerstören, dagegen sehr leicht durch Fortfangen eines einzigen Elektrons die Edelgasanordnung herzustellen. In der Tabelle sind die Energien aufgeführt, die ein Kathodenstrahlteilchen besitzen muß, um ein Gas zu ionisieren.

Aufgeführt sind vor allem die Edelgase oder Elemente der Gruppe o des periodischen Systems. Dann sind verzeichnet die Energien, die angewandt werden müssen, um das erste und nach unserer Darstellung einzige Elektron auf der neuen Schale wegzufangen, bei den Alkalimetallen (Gruppe I) endlich sind auch noch zum Vergleich die Elemente der Gruppe II, die sogenannten Erdalkalien, angegeben. Da wird es nun ganz deutlich, daß die Edelgase ihre Elektronen mit großer Kraft

Arbeit zur Abtrennung eines Elektrons bei den Elementen der Gruppen 0, I, II des periodischen Systems.

Gruppe 0	Gruppe I	Gruppe II
He 24,5	Li 5,4	B 9,5
Ne 21,5	Na 5,1	Mg 7,6
Ar 15,7	K 4,3	Ca 6,1
Kr 13,9	Rb 4,2	Sr 5,7
X 12,0	Cs 3,9	Ba 5,2

Die Zahlen geben in Volt die Energie der Elektronen an, die durch Elektronenstoß das Element ionisieren können.

festhalten. Wenn man die einzelnen Edelgase wieder miteinander vergleicht, so sieht man, daß die Kraft für die schwereren Edelgase immer kleiner wird, obwohl die Kernladung mit wachsendem Atomgewicht zunimmt. Das kommt davon her, daß einmal die Anziehung des Kerns durch die näheren gefüllten Schalen, die mit negativen Elektronen besetzt sind, gleichsam abgeschirmt wird gegen die äußersten Elektronen, und außerdem ist der Abstand der äußersten Schale vom Kern von Periode zu Periode immer größer, daher die Anziehung immer kleiner. Ganz dasselbe gilt ausnahmslos auch für alle anderen Gruppen; in derselben Gruppe werden die Ionisierungsspannungen mit zunehmendem Atomgewicht ausnahmslos kleiner. Aber ganz auffällig groß ist der Sprung beim Übergang von den Edelgasen zu den Alkalimetallen. Die letzteren werden ganz außerordentlich leicht zersetzt, die niedrigsten Zersetzungsspannungen im ganzen periodischen System sind daher die der letzten Alkalimetalle Rubidium und Cäsium, die höchsten die der ersten Edelgase Helium und Neon.

Bei den chemischen Verbindungen vereinigen sich meistens Atome mit entgegengesetzt gleicher Wertigkeit miteinander. Zum Beispiel NaCl, Kochsalz, besteht aus einem Natriumatom und einem Chloratom. Gibt man das Salz in Wasser, so trennen sich die beiden Bestandteile, aber nicht ganz sauber, es entstehen zwei Ionen, ein positives Natriumion und ein negatives Chlorion. Das heißt, das Natrium hat eines seiner Elektronen an das Chlor abgegeben. Dadurch ist aber in beiden Teilen nun die Edelgasordnung der Elektronen entstanden. Man nimmt daher an, daß auch schon vorher in dem ungelösten Salz dieser Austausch stattgefunden hatte und daß auch bei der chemischen Verbindung der beiden Atome in beiden die Edelgasanordnung der Elektronen ausgebildet wurde, so daß in dem Salz nur mehr vollbesetzte Elektronenschalen vorhanden waren. Die chemische Verbindung besteht dann darin, daß das positiv geladene Natriumion und das negativ geladene Chlorion durch diese elektrischen Kräfte aneinandergebunden sind. Wir haben schon früher erwähnt, daß diese elektrischen Ladungen verhältnismäßig sehr groß sind, so daß bei dem geringen Abstand ihre Kraft vollständig hinreicht, um den Zusammenhalt der Verbindung zu erklären.

Die Elektronen und die Lichtstrahlen.

Die Aussendung der Lichtstrahlen spielt sich ebenfalls in der äußersten Schale ab. Die Kräfte zum Heben der Elektronen kommen immer von außen an das Atom heran. Da sind es zunächst diese Elektronen am Rand des Atoms, die auf eine höhere Stufe gehoben werden. Wenn sie dann in die kernnächste Stelle, die ihnen mit Rücksicht auf die Besetzung der übrigen Plätze durch die anderen Elektronen möglich ist, zurückkehren, so senden sie dabei die frei werdende Energie wieder in Lichtquanten mit der zugehörigen Schwingungszahl als Lichtwellen hinaus. Die Gründe für diese Anschauung sind einmal die genaue Übereinstimmung der Berechnung mit der Erfahrung für die Wasserstofflinien und die übrigen Kerne mit einem Elektron. Aber auch für das ganze System der Elemente haben wir Beweise für diese Auffassung. Denn auch die Aussendung des Lichtes ist ein Vorgang, an dem sich gewisse Eigentümlichkeiten periodisch mit der Zahl der Elektronen wiederholen. Die Spektra der positiv einwertigen Alkalimetalle haben alle eine große Ähnlichkeit miteinander, jedenfalls eine viel größere als mit irgendeinem anderen Element des ganzen Systems. Ihre Spektra zeichnen sich aus durch eine verhältnismäßig große Einfachheit. So hat das Natrium im sichtbaren Gebiet nur eine gelbe Doppellinie, das Lithium und das Kalium haben zwei rote Linien, die übrigen haben einige Linien mehr. Dagegen zeichnen sich die Edelgase aus durch einen großen Reichtum an Linien, die durch den ganzen sichtbaren Bereich verteilt sind. Während die positiv zweiwertigen sogenannten Erdalkalien Kalzium, Strontium, Barium, Quecksilber, Radium an Linienzahl zwischen beiden stehen.

Wenn man nun den Alkalien durch starke elektrische Kräfte das Elektron auf der äußersten Bahn fortnimmt, also die Atome ionisiert, so befinden sich die verbleibenden Elektronen ganz in der Anordnung, wie sie dem nächst niedrigeren Edelgas eigentümlich ist, es sind nur noch vollständig gefüllte Schalen vorhanden. Wird dann das Ion zum Lichtaussenden angeregt, so wird das Spektrum auf einmal ganz anders. Wie die Elektronenanordnung zu einer Edelgasordnung geworden ist, so ist auch das Spektrum, etwa des Lithiumions, ganz zum Heliumspektrum geworden, wobei nur alle Linien wegen der Kernladung 3 statt 2 beim Helium, im Verhältnis $3^2:2^2$ kleiner werden. — Wenn aber einem zweiwertigen Atom, etwa dem folgenden Beryllium, ein Elektron von den zweien der äußersten Schale fortgenommen wird, so entsteht zunächst ein einfach ionisiertes Berylliumion. Es hat aber auf der äußersten Schale nur noch das andere Elektron, seine Elektronenanordnung ist also ganz dieselbe, wie sie sonst bei dem nichtionisierten Lithium vorhanden ist (*ein* Elektron auf der äußersten Schale). Dann wird auch das Spektrum des so geladenen Berylliumions ganz dem Spektrum des Lithiums gleich, linienarm, wie die Spektra der Alkalien sind. — Es ist sogar gelungen, das dreiwertige Boratom zu ionisieren, sogar doppelt zu ionisieren, indem man ihm zwei von seinen drei Elektronen der äußersten Schale entriß. Dann blieb auch hier nur ein Elektron auf der äußersten Schale zurück und auch das Spektrum des Bors wurde zu einem Lithiumspektrum, nur immer mit gleichmäßiger Verschiebung aller Schwingungszahlen zu höheren Werten wegen der stärkeren Kernladung z (vgl. die Formel S. 106). Schließlich hat man sogar von dem vierwertigen Kohlenstoffatom ein dreifach geladenes Ion herstellen können, immer mit dem Erfolg, der nach dem Vorstehenden zu erwarten war.

Wenn hier die besonders anschaulichen Unterschiede in den Spektren der verschiedenen Atomgruppen hervorgehoben werden, so muß doch einmal betont werden, daß diese Merkmale nicht einmal die wichtigsten sind für die wissenschaftliche Untersuchung. Es gibt noch viel feinere Unterschiede, die man aber nur wahrnehmen kann, wenn man über Geräte verfügt, die schon sehr kleine Unterschiede der Wellenlänge feststellen lassen. Man findet dann, daß die beobachteten Linien sich bei Anwendung dieser leistungsfähigeren Geräte oft als Doppellinien entpuppen, d. h. aus zwei Linien mit einem sehr kleinen Unterschied der Wellenlänge und zuweilen sogar aus drei nahe gleichen Linien bestehen. Man nennt das die Feinstruktur der Linien. So zeigte sich, daß die Linien der ersten Gruppe, der Alkalimetalle, meistens Doppellinien sind, wie die zwei Natriumlinien das sogar leicht erkennen lassen. Dagegen sind die Linien der zweiten Gruppe alle einfache oder sogar dreifache Linien. Der beschriebene Übergang des Spektrums beim Ionisieren zum Spektrum des vorhergehenden Elements erstreckt sich auch auf die Feinstruktur.

Aus allen diesen Erscheinungen müssen wir schließen, daß bei der Aussendung des Lichtes zunächst immer das äußerste Elektron in die höhere Schale gehoben wird und dann beim Zurückkehren das Licht aussendet. Die Aussendung von Licht spielt sich deshalb ebenfalls am Rande des Atoms in den äußersten Schalen ab.

Die Elektronen und die Röntgenstrahlen.

Nach dem bereits Mitgeteilten ist die Aussendung von Röntgenstrahlen nunmehr ebenfalls schon sehr weitgehend aufgeklärt. Kathodenstrahlteilchen stoßen mit großer Wucht auf die Antikathode der Röntgenröhre. Dann gehen von da die Röntgenstrahlen aus. Die Wellenlänge der Röntgenstrahlen sagt uns, daß es sich dabei um einen Übergang eines Elektrons aus der zweiten oder dritten Schale in die erste handelt, wenn *K*-Strahlen erzeugt werden, daß aber bei Erzeugung der *L*-Gruppe die Elektronen von irgendeiner höheren Stufe in der zweiten Schale haltmachen. Abb. 36 deutet diese Übergänge bildlich an. Nehmen wir, um uns einfacher ausdrücken zu können, den ersten Fall, die Elektronen landen alle in der ersten Schale. An sich ist die erste Schale besetzt

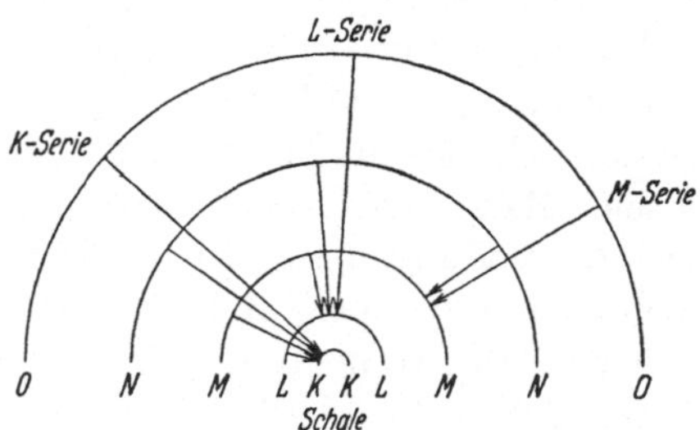

Abb. 36. Die Aussendung der *K*-*L*-*M*-*N*-Gruppe der Röntgenstrahlen erfolgt, je nachdem die Elektronen in der 1. 2. 3. 4 .... Schale eine freie Stelle wiederbesetzen.

mit den zwei Elektronen, die sie aufnehmen kann. Wenn dennoch ein Teilchen dort aufgenommen wird, so muß vorher dort Platz gemacht worden sein. Es muß also die Leistung des erregenden Kathodenstrahls darin bestehen, daß er mit großer Wucht auf ein Elektron aus der ersten Schale des Metalls der Antikathode auftrifft, dieses aus dem Verband des Atoms herausstößt und so in der ersten Schale Platz schafft. Dieses Elektron wird dann aus einer der höheren Schalen ersetzt. Für gewöhnlich kommt es aus der zweiten Schale, entsprechend der größeren Stärke der Linie mit $n = 2$ unter den Linien der *K*-Gruppe. Es kann aber auch aus einer ferneren Schale ersetzt werden, wodurch dann die übrigen Linien der ersten Gruppe ausgesandt werden. Den Überschuß der Energie auf diesen beiden Schalen strahlt es dann in dem

134

Röntgenstrahl hinaus. Darum ist die Schwingungszahl des Röntgenstrahls dieselbe, die sich nach der B o h r schen Formel errechnen läßt.

Die Elektronen der folgenden Schalen befinden sich nicht so nahe am Kern und werden darum auch weniger fest angehalten. Die Anregung zur Aussendung der L-, M-, N-Gruppe der Röntgenstrahlen ist dementsprechend leichter als der K-Gruppe. — Noch eine Eigentümlichkeit der Röntgenstrahlen sei hier erwähnt. Während man bei den Lichtstrahlen zuweilen nur die Aussendung *einer* Linie veranlassen konnte, indem man das Lichtelektron nur auf die nächste Schale erhob, von der es dann einfach zurückkehren konnte, ist das bei Röntgenstrahlen nicht so. Wenn die Aussendung der Strahlen einer Gruppe angeregt ist, so zeigen sich immer alle Linien der Gruppe zugleich. Man muß also annehmen, daß es nicht möglich ist, ein Elektron etwa aus der ersten Bahn nur auf die zweite zu heben, von der es dann wieder zurückkehren könnte. Die zweite Schale ist vollkommen mit Elektronen besetzt, und darum wird ein Elektron, das aus der ersten Schale herausgeschleudert wird, sogleich aus dem ganzen Bereich des Atoms fortfliegen. Nachher kann dieses Elektron aus der zweiten oder auch aus irgendeiner der folgenden Schalen ersetzt werden, d. h. die Gesamtheit der Linien einer Gruppe tritt immer zugleich auf. Das gleichzeitige Auftreten hat man so zu verstehen. Wenn die erregenden Kathodenstrahlteilchen die nötige Wucht erlangt haben, um Elektronen einer bestimmten Schale aus dem Verband der Antikathode herauszustoßen, so werden immer sehr viele Atome der Antikathode zu gleicher Zeit wirksam getroffen werden. Bei einem einzelnen Atom kann natürlich das ausgestoßene Elektron nur in einer Weise ersetzt werden. Aber bei vielen angeregten Atomen wird das nicht überall gleich geschehen. Die Gründe für dieses ungleiche Verhalten sind uns bis jetzt unbekannt. Die größere Stärke einer Röntgenlinie (wie auch einer Lichtlinie) kommt eben immer daher, daß mehr Atome diese Linie aussenden. Die Strahlung nur eines Atoms würde viel zu schwach sein, als daß wir sie beobachten könnten.

Man wird nun noch verwundert fragen, wie es denn kommt,

daß wir hier das ganze Röntgenspektrum durch die B o h r sche
Formel darstellen können. Bei den Lichtstrahlen ging das
nicht, und wir führten auch gleich den durchaus einleuchten-
den Grund an, daß die B o h r sche Formel nur die Wechselwirkung zwischen dem Kern und dem einen Elektron be-
achtet, in der Natur aber die übrigen Elektronen bei den Bewegungen mitwirken nach Maßgabe der Kräfte, die sie auf
das Lichtelektron ausüben. Warum findet hier eine solche
Störung durch die übrigen Elektronen nicht statt? Der Grund
ist darin zu suchen, daß die Lichtstrahlen von einem Elektron der äußersten Schale ausgesandt werden, während die
Röntgenstrahlen von den Elektronen der kernnächsten Schalen ausgehen. Diese Elektronen, z. B. der ersten Schale, werden von den übrigen Elektronen rings umgeben. Sie sind fast
in der Lage, wie ein elektrisch geladener kleiner Körper im
Innern einer geladenen Hohlkugel. Eine solche Hohlkugel
wirkt auf Ladungen in ihrem Innern überhaupt gar nicht
ein, die Wirkungen, die von einer Stelle der Wand ausgehen
würden, werden durch Wirkungen anderer Stellen, die gerade
die entgegengesetzte Richtung haben, vollständig aufgehoben.
Bei der nicht ganz geschlossenen Ladungsverteilung in der
umgebenden Elektronenwolke werden die Wirkungen der
äußeren Elektronen auf die inneren zwar nicht vollkommen
aufgehoben, aber doch ganz bedeutend geschwächt. Das aussendende Elektron der ersten Schale befindet sich dann nur
noch unter der Einwirkung des Kerns. Und da ist es erstens
in großer Nähe desselben, zweitens ist die Ladung des Kerns,
ausgenommen das erste H-Atom, stärker, im allgemeinen sogar viel stärker, als die Ladung eines Elektrons. Es ist daher
die Annahme, unter der die B o h r sche Gleichung abgeleitet
wurde, daß es sich nur um die Einwirkung zweier Ladungen
aufeinander handele, hier sehr nahe erfüllt.

Das Gesagte gilt, wie man sich leicht überlegen kann, für
die Strahlen der K-Gruppe in höherem Maße als für die
Strahlen der L-, M-Gruppe, die ja immer in größerer Entfernung vom Kern entstehen. Alles das ist nun auch mit der
Erfahrung vollkommen in Übereinstimmung. Ganz vollständig ist nämlich die Störung durch die anderen Elek-

tronen nicht ausgeschlossen, und ganz vollkommen ohne jeden Zusatz gilt auch die Bohrsche Formel nicht für die Aussendung der Röntgenstrahlen. Die Abweichung muß immer in der Weise eintreten, daß die negativ geladenen Elektronen dem positiv geladenen Kern entgegenwirken. Es ist so, als ob die Kernladung etwas kleiner wäre, als sie in Wirklichkeit ist, sie wird durch die Elektronen gleichsam etwas abgeschirmt. Um dem Rechnung zu tragen, muß man nicht die eigentliche Kernladung z in die Bohrsche Gleichung für die Röntgenstrahlen einsetzen, sondern die etwas verminderte Zahl $z-a$, wo man a die Abschirmungskonstante nennt. Der Wert von a ist dann auch für die Strahlen der K-Gruppe am kleinsten, aber immer für eine Gruppe von demselben Betrag. In dieser verbesserten Form entspricht die Bohrsche Gleichung nach Maß und Zahl der Erfahrung für alle Röntgenstrahlen des ganzen periodischen Systems. Die Aussendung der Röntgenstrahlen vollzieht sich also ebenfalls in der Elektronenwolke, die den Kern umgibt, aber an den Elektronen in großer und größter Nähe des Kerns.

14. Der Atomkern.

Eigenschaften des Kerns.

Von dem Atomkern wissen wir schon, daß er stets positiv elektrisch geladen ist, so daß er durch seine Ladung die Gesamtheit der negativen Elektronenladungen ausgleicht. Das Atom ist dann nach außen ungeladen. Außerdem trägt der Kern die eigentliche schwere Masse des Atoms. Der Anteil der Elektronen am Atomgewicht ist zu vernachlässigen, denn er erlangt niemals Beträge, die bei einer Bestimmung des Atomgewichts bedeutungsvoll werden könnten. Für das Wasserstoffatom ist das Verhältnis des Elektrons zum Kern $1 : 2000$. Für das Uran wäre es $92 : 238 \cdot 2000 = 1 : 5000$ ungefähr.

Trotz der großen Masse ist die Ausdehnung des Kerns sehr klein. Wir können diese Ausdehnung wenigstens angenähert angeben aus folgendem Umstand. Wenn ein Alphateilchen in ein Atom hineingeschossen wird, so werden einzelne Teilchen, die gerade auf einen Kern stoßen, fast mit ihrer eigenen Geschwindigkeit zurückgeworfen, wie ein Ball von einer Wand zurückfliegt. Da man nun die elektrischen Ladungen des Alphateilchens wie auch des Kerns kennt, so kann man daraus berechnen, wie nahe das Alphateilchen an den Mittelpunkt des Kerns heranfliegen mußte, um zunächst seine eigene Geschwindigkeit zu verlieren und dann bei der Rückbewegung wieder zu bekommen. Es ergibt sich daraus eine Annäherung von 10^{-12} bis 10^{-11} mm. Der Halbmesser des Kerns wird also wahrscheinlich noch kleiner sein, jedenfalls kann er nicht größer sein als diese Maße.

Wenn die ganze Masse des Atoms in einer Kugel von diesem Halbmesser vereinigt ist, so muß an dieser Stelle die Dichte auch viel größer sein, als wir sie bisher berechnet haben. Wenn wir die Dichte des Bleis z. B. als 11 angeben, so nehmen wir an, daß die ganze Masse von 11 Gramm gleichmäßig über 1 ccm verteilt sei. In Wirklichkeit ist sie das gar nicht, sondern die ganze Masse sitzt in den kleinen Räumen, welche die Kerne einnehmen. Dort muß also die Dichte viel größer sein. Wir können das unschwer berechnen. Da das Atomgewicht des Bleis 207 ist, so enthalten 207 Gramm Blei $6 \cdot 10^{23}$ Atome, also wiegt 1 Atom $207/6 \cdot 10^{23}$ Gramm. Und dieses Gewicht ist in einer Kugel von etwa 10^{-12} cm Halbmesser oder von $4{,}2 \cdot 10^{-36}$ ccm Inhalt. Die Dichte bestimmen wir immer als die Masse in 1 ccm durch Masse/Volum. Da wir nun beide kennen, so können wir setzen

$$d = \frac{\text{Masse}}{\text{Volumen}} = \frac{207}{6 \cdot 10^{23}} : \frac{4{,}2}{10^{36}} = \frac{207 \cdot 10^{36}}{6 \cdot 10^{23} \cdot 4{,}2} = 8 \cdot 10^{13}.$$

Das würde besagen, daß 1 ccm Bleikerne 80 Billionen Gramm = 80 Milliarden Kilogramm schwer wäre. Ein Stecknadelkopf von 1 cmm Inhalt würde, gleichmäßig mit Bleikernen angefüllt, 80 Millionen Kilogramm wiegen. Wenn es nun auch solche Anhäufungen von Atomkernen nicht gibt, so ist doch die angestellte Überlegung keine müßige Spielerei, in dem kleinen Kern der Atome, also in dem Raum von

10^{-12} cm Halbmesser, ist die Dichte wirklich so groß. „Wirklich“ ist nicht einmal gut gesagt, besser würde es heißen „wenigstens“ so groß, denn vielleicht, sogar wahrscheinlich ist sie noch viel größer. Denn einmal ist der Durchmesser des Kerns wahrscheinlich noch kleiner, als wir angenommen haben. Und zudem mehren sich die Anzeichen dafür, daß auch die Teilchen, die den Kern ausmachen, dort noch Zwischenräume frei lassen. Dann ist also die Dichte an den Stellen, die wirklich vom Stoff eingenommen werden, noch größer, als wir bisher berechnet haben.

Der Aufbau der Atomkerne.

Von diesem winzigsten körperlichen Gebilde haben wir jetzt die Frage zu erörtern, was wir wohl über seinen Aufbau noch sagen können. Bei diesen unvorstellbar kleinen Gebilden versagt natürlich unsere Vorstellung, aber unser Geist schreckt auch da nicht zurück. Er fragt einfach, welche Anhaltspunkte hätten wir denn, um darüber noch weitere Aussagen machen zu können. Wir kennen zuerst das Gewicht der Kerne. Denn was wir bisher als das Atomgewicht eines Elements bezeichnet haben, das ist das Gewicht des Atomkerns, und alle bisher besprochenen Gesetzmäßigkeiten über das Atomgewicht sind Gesetzmäßigkeiten für die Atomkerne. Außerdem kennen wir aber auch eine ganze Gruppe von Erscheinungen, die sich ganz sicher im Kern des Atoms abspielen, es sind die Erscheinungen der Radioaktivität. Endlich ist es auch gelungen, durch sehr scharfe Geschosse die Atomkerne zu zerschießen und die Trümmer zu untersuchen. Sehen wir also, was sich aus diesen Eigentümlichkeiten erschließen läßt.

Im Abschnitt über die Isotope haben wir erfahren, daß die Gewichte der schwereren Atome alle ein ganzzahliges Vielfaches sind des Wasserstoffatoms. Diese Aussage ist, strenger genommen, von den Kernen zu machen. Wir müssen schließen, daß die schwereren Kerne sämtlich aus einer entsprechend großen Zahl von Wasserstoffkernen bestehen. Diesen positiv geladenen Wasserstoffkern vom Atomgewicht 1 müssen wir daher als einen wichtigen Baustein der Körperwelt bezeichnen. Man hat ihm den Namen Proton gegeben. Das würde soviel heißen wie der Erstling.

Da die Ladung von dem Wasserstoffkern, soviel wir bisher wissen, nicht abgetrennt werden kann, so enthält jeder Kern ebenso viele positive Elementarladungen als sein Atomgewicht Wasserstoffkerne anzeigt. Damit das ganze Atom ungeladen sei, muß dieser positiven Ladung eine gleich große negative entsprechen. Die negativen Elektronen außerhalb des Kerns sind aber schon vom Helium an immer geringer an Zahl als das Atomgewicht besagt, daher können sie allein die größere Ladung der Kerne nicht ausgleichen. Es müssen im Kern auch noch Elektronen mit eingebaut sein, so viele, daß die Atome als Ganzes nach außen ungeladen erscheinen. Wenn A die Zahl der Wasserstoffkerne, also das Atomgewicht, ist und N die Ordnungszahl, also die Zahl der äußeren Elektronen, so bleibt ein Überschuß an positiver Ladung im Kern von der Größe $A - N$, und dieser muß durch eingebaute Elektronen ausgeglichen werden. Im Heliumkern z. B. sind 4 Wasserstoffkerne, in der Umgebung aber nur 2 Elektronen, daher müssen wir annehmen, daß im Kern des Heliums noch 2 Elektronen eingebaut sind. Der letzte Stoff Uran hat 92 Elektronen und das Atomgewicht 238, daher ist hier $A - N = 238 - 92 = 146$. Im Urankern sind daher 146 eingebaute Elektronen. Dann ist die wirksame positive Kernladung $238 - 146 = 92$ wie die Ladung der Elektronen auf den Schalen.

Die weiteren Kenntnisse über die Einrichtung des Kerns verdanken wir ganz vorzugsweise der Entdeckung des Radiums. Die radioaktiven Vorgänge der Strahlenaussendung mit Explosion der Atome spielen sich nämlich ganz im Atomkern ab. Bei der Aussendung eines Alphateilchens vom Atomgewicht 4 ist das selbstverständlich. Aber auch von den ausgesandten Betateilchen müssen wir annehmen, daß sie aus dem Kern kommen. Denn wenn Elektronen nur aus der Elektronenhülle kommen, so erhalten wir das Ion des betreffenden Atoms, das Atom bleibt aber seiner Art nach erhalten. Sobald das Elektron irgendwoher wieder ersetzt wird, ist auch das alte Atom wiederhergestellt mit allen seinen

Eigenschaften. Nicht so bei den Erscheinungen der Radioaktivität. Da entstehen unter unsern Augen durch jeden radioaktiven Zerfall neue Atome, mit einer neuen Elektronenzahl nicht nur, sondern auch mit einer neuen Kernladung, und wir haben es niemals bemerkt, daß eine Rückbildung des Ausgangsstoffes stattfinden kann.

Für diese Umbildung gelten zwei Regeln, die uns auch noch einen weiteren Einblick in den Kern tun lassen. Wenn ein Alphateilchen ausgestoßen wird mit seinen zwei positiven Ladungen, so vermindert sich die Kernladung um zwei Einheiten, es entsteht also ein neuer Stoff, dessen Kernladung, und also dessen Atomnummer, um zwei Einheiten kleiner ist. Der neue Stoff muß also um zwei Stellen weiter herunterrücken. Merkwürdig genug, daß der neue Stoff dadurch wirklich an eine Stelle im periodischen System kommt, an welche er seinem ganzen chemischen Verhalten nach hingehört. Sehr deutlich kann man das ausgeprägt sehen an der Bildung der Emanation aus dem Radium. Das Radium ist ein positiv zweiwertiger Stoff, er steht also in der zweiten Gruppe nach den Edelgasen. Durch Aussendung eines Alphateilchens wird daraus das Atom der Emanation, die nach der eben angeführten Regel in die zweit niedrigere Gruppe kommt. Wirklich ist das die Gruppe der Edelgase, zu denen die Emanation gehört. In dieser Weise rücken die neuen Stoffe herunter bis zum Blei, das dann ebenfalls an die Stelle kommt, an der es nach seinem chemischen Verhalten schon stand, lange bevor die Radioaktivität entdeckt war.

Wenn aber ein Betateilchen aus dem Kern ausgesandt wird, wie wir im Gegensatz zu dem Verlust eines Elektrons bei der Ionisation annehmen, dann verliert *der Kern* eine negative Ladung, die bisher eine überschüssige positive Ladung des Kerns ausgeglichen hatte. Der Kern hat jetzt eine positive Ladungseinheit mehr, und wenn entsprechend auch ein Elektron draußen angelagert ist auf der äußersten Schale, hat man einen neuen Stoff, dessen Kernladung um eine Einheit größer ist, der also auf der nächst höheren Stelle des periodischen Systems einzureihen ist. Im Stammbaum der Radiumfamilien kommt es mehrmals vor, daß auf eine Fortpflanzung durch Alphastrahlung zwei Fortpflanzungen durch Betastrahlung erfolgen.

Durch den ersten Vorgang kommt ein neues Element zum Vorschein, das um zwei Stellen tiefer steht als das Mutterelement. Bei den beiden folgenden Umbildungen rückt das neu Entstehende jedesmal wieder um eine Stelle herauf. So steht der letzte Stoff wieder genau an derselben Stelle, wo der ganze Zerfall begonnen hatte, er hat dieselbe Kernladung und dieselbe Elektronenanordnung, nur jetzt mit einem Atomgewicht, das um 4 Einheiten kleiner ist. Der neue Stoff ist ein Isotop des ersten. In dieser Weise sind durch die radioaktiven Stoffe mehrmals Stellen des Systems mit einer ganzen Anzahl von Isotopen bis zu 7 besetzt (vgl. die Tabelle S. 22, die Isotopen der radioaktiven Stoffe). Alle diese Isotope haben dieselbe Kernladung und die gleiche Elektronenanordnung, und daher auch dasselbe chemische Verhalten, dasselbe Licht- und Röntgenspektrum. Aber alle haben verschiedene Masse im Kern. Bei den 7 Isotopen des Bleis z. B. mit der Atomnummer 82 liegen die Atomgewichte zwischen 214 und 206. Wenn daher der erste Stoff trotz der um 8 größeren Zahl von Protonen doch dieselbe Kernladung haben soll wie der letzte, so muß der erste auch noch 8 Elektronen mit in den Kern eingebaut enthalten.

Der Heliumkern als Baustein. Wenn auch die ausnahmslose Ganzzahligkeit der Atomgewichte als sicheres Zeichen gelten kann für den Aufbau aller Kerne aus dem Kern des Wasserstoffs, dem Proton, so nehmen wir doch nicht an, daß dieser Aufbau unmittelbar aus den H-Kernen erfolgt. Es scheint vielmehr, daß häufig je vier Wasserstoffkerne erst zu einem Heliumkern vereinigt sind, so daß die schwereren Kerne auch eine gewisse Zahl von Heliumkernen enthalten. Man nimmt das vor allem an für die große Zahl der Atome, deren Gewicht durch 4 teilbar ist, wie Kohlenstoff 12, Sauerstoff 16, Magnesium 24, Silizium 28, Eisen 56. Der Grund für diese Annahme ist darin zu erblicken, daß beim Zerfall der radioaktiven Elemente durch Aussendung von Alphastrahlen immer ein Teilchen vom Atomgewicht 4 abgespalten wird, bei allen Alphazerfällen ohne Ausnahme.

Man schließt daraus mit Recht, daß diese Zusammenballung der 4 H-Kerne nicht erst im Augenblick der Explosion erfolgt, sondern daß der He-Kern schon im zerfallenden Atom vorhanden war. Da wir im Heliumkern aber schon 2 Elektronen mit eingebaut annehmen müssen, so brauchte z. B. der Sauerstoffkern außer diesen 8 Elektronen, die er mit den 4 Heliumkernen bekommt, weiter keine Elektronen in den Kern aufzunehmen; ebenso wäre es beim Magnesium und dem Silizium.

Bei einigen Elementen müssen wir aber außer den Heliumkernen auch noch eine Anzahl loser Wasserstoffkerne als Bausteine der schwereren Kerne annehmen. Das gilt zunächst für alle Stoffe, deren Atomzahl nicht durch 4 teilbar ist. Stickstoff mit dem Atomgewicht 14 könnte höchstens aus 3 Heliumkernen bestehen und dazu noch zwei Protonen enthalten: $3 \cdot 4 + 2 = 14$. Aber auch für die anderen, durch 4 teilbaren Atome, haben wir keineswegs Gewißheit, daß alle Protonen erst zu einem Heliumkern vereinigt sind.

Über die Festigkeit der Atomkerne.

Nachdem wir nun wissen, daß die Atomkerne aus mehreren Teilen im allgemeinen zusammengesetzt sind, erhebt sich ganz von selbst die Frage nach den Kräften, die sie zusammenhalten. Und da müssen wir zunächst auf die großen elektrischen Ladungen gleichen Vorzeichens hinweisen, die, auf den engen Raum der Kerne zusammengepreßt, sich gegenseitig abstoßen mit einer so großen Kraft, daß wir uns fragen, warum sie den Kern nicht zum Explodieren bringen. Wenn das Uran zum Beispiel 92 Elektronen in seiner Umgebung hat, so ist ganz dieselbe Ladung mit positivem Vorzeichen auch im Kern, aber dort zusammengepreßt auf den kleinen Raum von 10^{-11} mm Halbmesser. Berechnen wir uns auch hier einmal, wie hoch der Kern als Kugel gedacht durch diese 92 Elektrizitätsatome aufgeladen ist, so kommen wir auf mehr als 10 Millionen Volt. Es ist daher nicht so sehr zu verwundern, daß die schweren Kerne radioaktiv sind und zerplatzen. Viel verwunderlicher ist, daß es im Kern Kräfte gibt, die ihn solange vor dem Zerspringen bewahren. So stehen wir noch heute an der Stelle, wo Faust stand, als er grübelte:

> Daß ich erkenne, was die Welt
> Im Innersten zusammenhält.

Dennoch stehen wir nicht mehr ganz so ratlos da, nachdem es uns in einigen Erscheinungen wenigstens gelungen ist, Anhaltspunkte für die Größe dieser Kräfte in verschiedenen Elementen zu finden. Es gibt nämlich zwei Gruppen von Erscheinungen, die uns zeigen, daß die Kräfte nicht ganz unüberwindlich groß sind. Die Messung einer Erscheinung ist zwar noch keine Erklärung derselben, aber sie ist doch ein erster und meistens notwendiger Schritt dahin. Die erste Gruppe dieser Erscheinungen sind noch einmal die Tatsachen der Radioaktivität. Beim Zerfallen der Atome müssen jedesmal die zusammenhaltenden Kräfte überwunden werden. Und man kann vermuten, daß diese Kräfte um so größer sind, je seltener ein Zerfall eintritt, mit andern Worten, es muß ein Zusammenhang bestehen zwischen der Lebensdauer der Elemente und ihrer Kernfestigkeit. Und dadurch wird diese Festigkeit des Kerns in Beziehung gebracht zur Häufigkeit des Vorkommens der verschiedenen Elemente. Allerdings setzt diese Annahme weiter voraus, daß wir uns zu einer Entwicklung der Körperwelt bekennen, wie sie oben angedeutet wurde, daß die leichteren Stoffe alle durch Zerfall aus den schwereren entstanden sind.

Aber auch wenn man sich dieser Ansicht anschließt, darf man die Beweiskraft dieser Beziehungen nicht überschätzen. Denn jetzt muß auch infolge des beständigen Zerfalls eine Verschiebung in der Häufigkeit des Vorkommens eintreten, durch welche die leichteren Elemente beständig zunehmen und die schwereren schließlich zu einer immer größeren Seltenheit werden. Da die Frage nach der Häufigkeit des Vorkommens der verschiedenen Stoffe auch eine sehr große wirtschaftliche Bedeutung hat, so hatte man darüber schon längst Untersuchungen angestellt, indem man durch Proben aus möglichst allen Stoffen, deren man habhaft werden konnte, die Zusammensetzung ermittelte. Man konnte dabei allerdings zunächst nur die Stoffe verwerten, die sich in unserer Erdrinde finden, soweit sie uns zugänglich ist, und das ist im Verhältnis zur ganzen Erde nicht sehr weit. Wenn wir uns vorstellen, die Erde würde verkleinert zur Größe eines Hühnereis, so wären wir mit unsern tiefsten Bohrlöchern noch lange nicht durch die Schale des Eis gedrungen. Was würden wir von einem Chemiker sagen, der in der Schale eines Eis herumgekratzt hätte und daraufhin das Ei für ein Stück Kalk erklärte? Man hat deshalb gern die Gesteinsproben hinzugenommen, die hin und wieder aus dem Himmelsraum den Weg auf unsere Erde finden, die Meteore. Aber die Ergebnisse sind dabei doch nicht wesentlich andere geworden. Mit Hilfe der Lichtspektren können wir zwar *das Vorkommen* mancher Stoffe auf der Sonne und den Sternen nachweisen, aber über die verhältnismäßige Häufigkeit der verschiedenen Elemente erhalten wir aus dem Spektrum doch keine zuverlässigen Auskünfte. Die sorgfältigsten Untersuchungen haben also folgendes ergeben. Mehr als $99{,}9\%$ aller Stoffmengen, soweit wir das ausfinden können, des ganzen Weltalls, sind gebildet aus den ersten 29 Elementen unseres Systems. Oder die Gesamtheit aller übrigen 63 schwereren Stoffe, vom 30. bis zum 92., machen noch nicht $0{,}1\%$ der Körperwelt aus. Aber diese Verschiebung des Schwerpunktes der Welt zu den leichteren Elementen hin ist es nicht, was für unsere Frage in erster Linie von Bedeutung ist. Für uns handelt es sich viel mehr darum, mit welcher Häufigkeit *benachbarte* Elemente sich vorfinden. Dieser Unterschied wird dann auf eine verschiedene Lebensdauer der einzelnen Elemente zurückzuführen sein. Es wird genügen, wenn wir hierfür die ersten 29 Elemente heranziehen. Die Häufigkeit unter ihnen wird mit der Häufigkeit in der ganzen Körperwelt sehr nahe zusammenfallen. Die Abb. 37 zeigt uns recht anschaulich, in welcher Häufigkeit die ersten 29 Elemente in der Körperwelt vertreten sind. Auf der Waagerechten sind die Atomnummern von 1—29 bezeichnet, und bei jeder Nummer ist eine Strecke nach oben angelegt, die uns die Häufigkeit des Vorkommens dieses Atoms angibt. Und da sieht man nun das überraschende Ergebnis, daß ein Stoff für sich allein fast 40% der gesamten Stoffwelt ausmacht, es ist der Sauerstoff. Dann kommen noch drei Elemente, die ebenfalls aus allen andern hervorragen, Magnesium, Silizium und Eisen. Diese vier Stoffe allein machen etwa 94% der Stoffmenge der ganzen Welt aus. Auffallend ist nun, daß alle diese vier Elemente zu denen gehören, deren Atomgewicht durch 4 teilbar ist, die also nur aus einer Anzahl von Heliumkernen bestehen könnten. Eine ähnliche Erscheinung geht durch das ganze System der Elemente insofern, als immer die durch 4 teilbaren häufiger sind als die aus Helium und Wasserstoffkernen zusammengesetzten, die nicht durch 4 teilbar sind. Diese Unterschiede sind so deutlich und so allgemein ausgeprägt, daß es schwer ist zu denken, sie seien zufälliger Art.

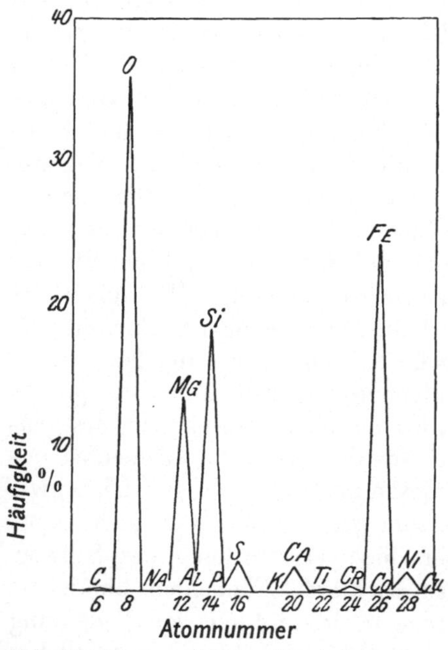

Abb. 37. Die verschiedene Häufigkeit der Elemente 1—29.
(Aus Handbuch der Physik, 2. Aufl., Bd. XXII/1. Beitrag F. Paneth. Berlin: Julius Springer 1933.)

Die zweite Gruppe von Erscheinungen führt noch näher heran an die Messung der bindenden Kräfte in den Atomkernen. Wie schon erwähnt, ist es in mehreren Fällen gelungen, die Kerne zu zertrümmern durch Beschießung mit schnellen Alphastrahlen. In diesem Fall kennt man die Geschwindigkeit und also auch die Energie der auftreffenden Alphateilchen. Die ersten Versuche bestanden darin, daß man bei den schon beschriebenen Aufnahmen mit Nebelkammern, in denen sich Wasserstoff befand, unter der großen Schar von Strahlen gleicher Länge, wie sie Abb. 23 erkennen läßt, zuweilen einen einzigen Strahl vorfand, der eine viermal größere Reichweite hatte als die übrigen Alphastrahlen. Die Berechnung aus der Stoßenergie der Alphateilchen wie aus der Ablenkung mit elektrischen und magnetischen Kräften deuteten Wasserstoffteilchen an, die eine sehr große Geschwindigkeit erlangt hatten. Darauf wurden die Versuche in Luft wiederholt, aus der sorgfältig aller Wasserstoff entfernt war. Die Wasserstoffstrahlen zeigten sich auch hier. Und als man statt der Luft reinen Stickstoff einfüllte, wodurch die Dichte des Stickstoffs im Verhältnis 5 : 4 vermehrt wurde, zeigten sich die Strahlen von Wasserstoff in demselben Verhältnis vermehrt. Als man darauf an verschiedenen Schulen möglichst alle Stoffe des periodischen Systems daraufhin untersuchte, stellte sich eine große Zahl von Elementen ein, die alle zur Aussendung von Wasserstoffstrahlen gebracht werden konnten. Es waren aber nur die leichteren Atome. Und die Ausbeute war sehr klein. Von mehreren hunderttausend Alphateilchen wurde nur 1 Wasserstoffteilchen hervorgebracht. Besonders wirksam waren die Versuche an Lithium, Bor, Beryllium, Stickstoff, Aluminium. Ob Kohlen- und Sauerstoffkerne zerschlagen wurden, ist nicht sichergestellt. Einige Forscher wollen es nachgewiesen haben, andere konnten die Versuche nicht bestätigen. Jedenfalls scheint daraus hervorzugehen, daß die Zertrümmerung dieser letzten wesentlich schwieriger ist als der anderen Stoffe. Man hält das wieder damit zusammen, daß $C = 12$ und $O = 16$ Elemente sind, deren Atomgewicht durch 4 teilbar ist.

Wenn die Zertrümmerung der schweren Atome nicht gelang, so braucht man daraus nicht zu schließen, daß die Festigkeit hier eine ganz besonders große wäre. Die positive Ladung der schweren Kerne ist so groß, daß sie schon von weitem auf das heranfliegende Alphateilchen, das ja ebenfalls doppelt positiv geladen ist, eine verzögernde Kraft ausüben, so daß es gar nicht erst zu einem wirklichen Zusammenstoß mit ihnen kommt. Sie sind sozusagen durch ihre starke Ladung mit einem dicken elektrischen Polster umgeben, das sie vor den Einschlägen der Alphageschosse wirksam schützt. Diese Annahme erhielt neuerdings eine starke Stütze durch die Beobachtung, daß man durch Beschießung mit *ungeladenen* schweren und schnellen Teilchen, von denen sogleich näher die Rede sein wird, auch die schwereren Atome, sogar das Uranatom, hat zertrümmern können.

Die neuesten Entdeckungen, Positronen und Neutronen.

Diese Versuche über die Kernzertrümmerung haben seit dem Jahre 1932 zu einer Reihe von Entdeckungen geführt, die geeignet scheinen, uns wesentlich neue Erkenntnisse über den Kern, seine Bausteine und seinen Aufbau zu vermitteln. In diesem Jahre glückte nämlich zum ersten Male die Zertrümmerung einiger Kerne durch Beschießen mit einfachen schnellen Wasserstoffkernen, also mit (positiv geladenen) Protonen, wie sie schon in den Anodenstrahlen verwendet wurden. Wenn solche Protonen durch starke elektrische Kräfte bis 120000 Volt eine hohe Geschwindigkeit erhalten hatten, so konnten beispielsweise Lithium- und Kohlenstoffatome dadurch zertrümmert werden. Den eigentlichen Protonen weit überlegen soll sich dabei das zweite Isotop des Wasserstoffs mit dem Atomgewicht 2 (Deutonen) erwiesen haben. Die Überlegenheit war so groß, daß einige Forscher dem Verdacht Ausdruck gaben, es könnten vielleicht die an eigentlichem Wasserstoff beobachteten Erscheinungen von „Verunreinigungen" mit Deutonen verursacht sein. Wir müssen das vorläufig dahingestellt sein lassen. Die bedeutendsten neuen Entdeckungen, die im Anschluß an diese Untersuchungen gemacht wurden, möchten wir in folgenden drei Punkten zusammenfassen:

1. Die bisher angenommene Atomzertrümmerung scheint in manchen Fällen eher in einem Atomaufbau zu bestehen, dem dann allerdings nachher ein Zerfall folgen kann. Das Alphateilchen zum Beispiel fliegt in das beschossene Atom hinein und wird in den Kern aufgenommen. Dort bewirkt es dann aber eine solche Störung des Gleichgewichts, daß

nachträglich der neue Kern wieder zerfällt, unter Aussendung des schon immer als Beweis der Atomzertrümmerung betrachteten Wasserstoffstrahls.

2. Das Aussenden des Wasserstoffstrahls, überhaupt das Zerfallen des neuen Kerns, braucht (nach Beobachtungen vom Jahre 1934) nicht immer sogleich zu erfolgen. Einige der neuen Kerne können eine Zeitlang mit dem verschluckten Alphateilchen weiterbestehen. Sie zerfallen aber später in ähnlicher Weise, wie die radioaktiven Stoffe, mit einer bestimmten Halbwertszeit. Man spricht daher hier von einer künstlich (durch Beschießen der Atome) erzeugten Radioaktivität. So fand man nach Beschießung mit Deutonen am Beryllium eine Halbwertszeit von 9 Minuten. Beim Bor war sie nach derselben Anregung durch Deutonen 20 Minuten, beim Kohlenstoff 10 Minuten.

3. Ganz neue Überraschungen brachte die genauere Untersuchung dieser künstlichen Radioaktivität. Während bei der natürlichen Radioaktivität nur immer Alphateilchen, also Heliumkerne $He = 4$, und Betastrahlen, also (negativ geladene) Elektronen, ausgestrahlt wurden (neben den Gammastrahlen, die keine körperlichen Teilchen waren), wurden bei diesen Erscheinungen der künstlichen Radioaktivität auch positiv geladene Elektronen gefunden (daher Positronen genannt). Man konnte ihre positive Ladung dadurch nachweisen, daß man sie in einem magnetischen Felde zugleich mit gewöhnlichen Elektronen ablenkte. Die entgegengesetzte Ladung trat dann ganz deutlich durch die Ablenkung nach der anderen Seite hervor. Abb. 38 gibt solche Versuche mit der Nebelkammer wieder. Man sieht einige Kreise nach rechts unten gehen (Elektronen) und einige andere nach links unten (Positronen).

Noch mehr der Überraschungen! Nach Beschießen von Beryllium, Bor und Lithium wurden Teilchen ausgesandt mit dem Atomgewicht 1, also vom Atomgewicht des Wasserstoffkerns, aber ohne jede elektrische Ladung. Solche Teilchen konnten ein Gas durchfliegen, ohne es merklich zu ionisieren. In der Nebelkammer erhielt man keine Spuren von ihnen, aber wenn sie dann in einem Kernschuß mit einem Gasteilchen zusammentrafen, so erzeugten sie nun z. B. gewöhnliche (positiv geladene) Protonen, die wieder, wie gewöhnlich, das Gas ionisieren und in der Nebelkammer auch ihre Spur hinterlassen. Man nannte die Teilchen Neutronen, weil sie elektrisch neutral sind.

Mit solchen schnellen Neutronen konnten dann ebenfalls Kernzertrümmerungen vorgenommen werden. Auch hier

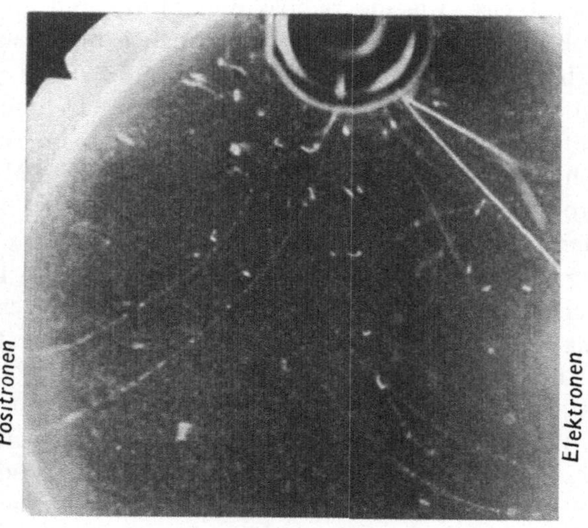

Abb. 38. Die Beobachtung der Positronen durch ihre Ablenkung im Magnetfeld. Elektronen nach rechts, Positronen nach links abgelenkt. Aufnahme von Meitner und Philipp. (Aus Ergebnisse der exakten Naturwissenschaften. Bd. XIII. Beitrag Fleischmann, R. und W. Bothe. Berlin: Julius Springer 1934.)

scheint die eigentliche Zertrümmerung des getroffenen Atoms erst ein zweiter Vorgang zu sein. Zuerst wird das Neutron in den Verband des getroffenen Atoms aufgenommen, dadurch wird der Kern erst unbeständig, und dann erfolgt ebenfalls ein Zerfall wie in einer künstlichen Radioaktivität. Einige dieser Vorgänge werden schon als hinreichend gesichert bezeichnet. Ein Stickstoffatom, z. B. $N = 14$, nimmt ein Neutron $n = 1$ in sich auf. Der neue Kern 15 zerfällt unter Aussendung eines Alphateilchens in $He = 4$ und ein

Boratom $B = 11$. Also kurz in Zeichen mit Angabe des Atomgewichts

$$N^{14} + n^1 \rightarrow B^{11} + He^4 \, .$$

Bei andern Vorgängen werden nachher Positronen ausgesandt, z. B. Bor $B = 10$ wird mit Alphateilchen $\alpha = 4$ beschossen, es bildet sich ein radioaktives Stickstoffatom $N = 13$ und ein Neutron $n = 1$.

Das Stickstoffatom $N = 13$ ist nicht beständig, darum findet man es auch nicht in unserem Verzeichnis der Isotopen. Es zerfällt dann und sendet dabei ein Positron aus, indem es selbst in das Kohlenstoffisotop $C = 13$ übergeht. Dieses Kohlenstoffisotop ist als beständig nachgewiesen. In Zeichen

$$B^{10} + \alpha^4 \rightarrow N^{13} + n^1$$
$$N^{13} \rightarrow C^{13} + {}_+\varepsilon \, .$$

Die Zwischenstufe des N^{13} konnte dabei durch chemische Mittel nachgewiesen werden. Der Zerfall von N^{13} geschah hier mit einer Halbwertszeit von 14 Minuten.

Man sieht leicht ein, daß diese Entdeckungen ein neues weites Feld für die Untersuchung eröffnen. Vielleicht werden sie auch über das Rätsel der Radioaktivität einmal Licht verbreiten. Denn bisher ist uns die Ursache, warum einige Radiumatome beispielsweise in der nächsten Sekunde zerfallen, während andere noch mehrere tausend Jahre leben, gänzlich unbekannt.

Schon jetzt haben uns diese Untersuchungen zwei wichtige, noch unbekannte Bausteine der Körperwelt beschert, das positive Elektrizitätsatom und den ungeladenen Wasserstoffkern. Darin könnte man den Beweis erbracht sehen, daß man auch die positive Elektrizität von der gewöhnlichen schweren Masse der Körper trennen kann.

Unsere bisherigen Überlegungen werden durch diese neuen Entdeckungen nicht umgestoßen, sie sind aber in einigen Punkten etwas anders zu deuten. Zunächst ist es nicht unbedingt erforderlich, daß die positive Ladung eines Kerns gleich sei seinem Atomgewicht. Er kann ja einige ungeladene Neutronen enthalten. Die vermehren dann nur sein Gewicht,

aber nicht seine Ladung. So könnte das Uranatom aus
92 Protonen und 146 Neutronen bestehen mit dem Gewicht
238, aber mit der Ladung $+92$. Wenn dann ebenfalls 92 Elektronen außerhalb des Kerns auf den Schalen vorhanden sind,
so ist das elektrische Gleichgewicht erreicht. Möglicherweise
sind aber die Protonen jetzt nicht mehr als letzte, d. h. unteilbare Bausteine der Atomkerne zu betrachten. Da es jetzt
auch positive Elektronen gibt und unelektrische Neutronen,
könnten sie möglicherweise aus solchen ungeladenen Kernen bestehen, die durch ein Positron, mit dem sie innig verbunden sind, eine Ladung bekommen haben. Ebenso unsicher ist es, wie wir uns die Neutronen zu denken haben, sie
könnten ja aus Protonen bestehen, die mit einem Elektron so
fest verbunden sind, daß sie durch keine Kräfte mehr von
ihnen getrennt werden könnten.

An dem ganzen Aufbau der Atome würde das nicht viel
ändern. Rätselhaft bleibt bei allen diesen Entdeckungen immer, daß die Ladung der Positronen immer gleich groß ist
wie die der Elektronen. Bisher konnte man die Gleichheit so
deuten, daß überhaupt nur eine Elektrizitätsart wirklich existierte, und das wäre dann die negative gewesen, die wir in
den Kathodenstrahlen und Betateilchen rein für sich vorfinden, während die positive Ladung in einem Mangel der gehörigen negativen Ladung bestanden hätte. — Wenn sich
aber die positive Ladung auch allein, ohne an Stoffteilchen
gebunden zu sein, vorfindet, so spricht das dafür, daß die
positive Ladung eben auch etwas wirklich Existierendes ist.
Die alte Frage, ob nur eine oder beide Arten der Elektrizität
existieren, würde dann endlich eine Lösung finden. Indes
darf man vorläufig diese Untersuchungen wohl als noch nicht
endgültig abgeschlossen betrachten.

15. Aus Kernen und Elektronen läßt sich das ganze periodische System der Elemente aufbauen.

Wir haben bisher ausgehend von den wirklich bestehenden
Körpern versucht, uns einen Einblick zu verschaffen in die
kleinen und kleinsten Bestandteile, aus denen sie zusammen-

gesetzt sind. Wir sind dabei zuerst zu den Atomen und dann weiter zu den Kernen und Elektronen gekommen. Die Arbeit war in der Hauptsache auflösender Art, indem wir die bestehenden Dinge in ihre kleinsten Teilchen zerlegt haben. Es bleibt jetzt noch der Beweis zu liefern, daß wir bei der Arbeit nicht noch andere wesentliche Bestandteile übersehen, vergessen oder verloren haben. Das können wir dadurch beweisen, daß wir zeigen, wie man aus diesen beiden Bestandteilen wirklich das ganze System der Elemente mit ihren Kräften und Eigentümlichkeiten wieder aufbauen kann. Der Gegenstand unserer weiteren Untersuchung sind also die Atome des ganzen Systems. Man wolle sich vor Augen halten, was im Abschnitt 4 über das periodische System gesagt wurde. Jetzt soll sich zeigen, ob sich aus unsern beiden Bausteinen, den Kernen und Elektronen, das Ganze aufbauen läßt. Namentlich werden wir uns fragen müssen, ob die damals schon gefundenen Eigentümlichkeiten des Systems sich aus unseren Bestandteilen und ihrer gegenseitigen Anordnung herleiten lassen. Bohr hat auch diese Aufgabe zuerst in Angriff genommen, wobei er sich des ganzen reichen Rüstzeuges, das damals die Wissenschaft schon geschaffen hatte, bedienen konnte. Wir werden ihm und den späteren Forschern nur in weitem Abstand folgen können, da wir von dem ungeheuer großen Wissensstoff nur weniges auseinandersetzen konnten. Aber auch wenn wir alle Ergebnisse der Wissenschaft benutzen dürften, so soll nicht gesagt werden, daß wir dann schon restlos die Geheimnisse der Atomwelt aufdecken könnten. Vieles bleibt noch ganz unerklärt und manches läßt sich nur vorsichtig als Vermutung aussagen. Immerhin ist die Menge des bisher Erreichten doch schon so groß, daß es sich lohnt, davon Kenntnis zu nehmen.

Unsere Kenntnisse über die Atomkerne sind noch außerordentlich gering und unsicher, abgesehen von dem Umstand, daß die Kernladung vom ersten bis zum letzten Element immer um ein Elektrizitätsatom zunimmt. Die Masse dagegen ist nicht mehr von ausschlaggebender Bedeutung. Es handelt sich daher im wesentlichen um die Anordnung der Elektronen, die den Kern umkreisen. Glücklicherweise ist das für das ganze chemische Verhalten allein von Bedeutung. Diese Überlegungen wurden ermöglicht durch die Erkenntnis, daß die Elektronenanordnung der ersten Schalen beim Hinzukommen weiterer Elektronen im allgemeinen erhalten bleibt. Wenn daher die Kernladung bei jedem neuen Element um eine Einheit zunimmt und zum Ausgleich auch der Elektronenschwarm um eines wachsen muß, so handelt es sich im wesentlichen nur darum, wo und wie dieses neue Elektron in das bisherige Gebilde eingebaut wird.

Dabei bilden, wie schon erwähnt wurde, die Edelgase mit ihren abgeschlossenen festen, beständigen Anordnungen immer ein weithin sichtbares Zeichen, an dem man sich wieder zurechtfinden kann. Aus den Atomnummern der Edelgase 2, 10, 18, 36, 54, 86 folgt dann sogleich, daß die aufeinanderfolgenden Perioden die Elementenzahl 2, 8, 8, 18, 18, 32 enthalten. In der Tabelle auf S. 156 ist das Ergebnis der ganzen Untersuchung, so wie man es heute für wahrscheinlich hält, übersichtlich zusammengestellt. Man wolle das beim Lesen des Folgenden immer vor Augen haben. In der obersten Zeile sind die verschiedenen Schalen angegeben, und darunter steht die Anzahl der Elektronen, die bei den einzelnen Elementen im ungestörten Zustand die verschiedenen Stellen besetzt halten.

Abgesehen von der ersten Schale erweisen sich die Bahnen, wie schon S. 115 von den Elektronen des Wasserstoffs bemerkt wurde, noch weiter unterteilt in elliptische und kreisförmige mit den Achsen 2_1 und 2_2, ebenso $3_1\,3_2\,3_3$, $4_1\,4_2\,4_3\,4_4$ ... Bei der genaueren Durchforschung aller Eigentümlichkeiten des Lichtspektrums besonders und des Röntgenspektrums hat man eine große Reihe von Gesetzmäßigkeiten gefunden, die einen Schluß machen lassen, wie in den höheren Schalen die Untergruppen mit Elektronen besetzt sind. Uns würde die Darlegung dieser Begründung zu weit führen. Es sei daher gestattet, diese Verteilung auf die Untergruppen einfach als Behauptung anzugeben.

Wir beginnen mit dem ersten Atom, dem Wasserstoff. Sein Elektron bewegt sich auf einfacher Kreisbahn mit dem Durchmesser von ungefähr 10^{-7} mm. Wegen des geringen

Betrages seiner Kernladung ist der Durchmesser verhältnismäßig groß. Bei den folgenden Elementen mit viel größerer Kernladung wird auch die Anziehung auf die Elektronen immer stärker, die Elektronen rücken immer näher an den Kern heran. Kommt nun beim zweiten Element zum Heliumkern auch noch ein zweites Elektron hinzu, so bleibt das erste auf dieser seiner kreisförmigen Bahn. Der Grund für diese Annahme wird im folgenden erblickt. Wenn man dem Helium durch elektrische Kräfte eines seiner beiden Elektronen nimmt, also das Helium ionisiert, und dann das verbleibende letzte Elektron zum Leuchten anregt, so ist das Licht, wie schon S. 114 bemerkt wurde, ganz dasselbe wie das des Wasserstoffes, nur daß wegen der doppelten Kernladung alle Linien verschoben sind zu Stellen mit viermal größeren Schwingungszahlen.

Sehr beweiskräftig kann man diese Überlegung allerdings nicht nennen. Denn es könnte doch sein, daß die Bewegung des ersten Elektrons durch das beim Helium hinzukommende zweite Elektron gestört würde. Beim Ionisieren fällt die störende Ursache fort und erscheint das ungestörte Spektrum des Wasserstoffs. Es bleibt aber bestehen, daß wir von einer Störung bisher nichts haben bemerken können und darum auch nicht das Recht haben, eine solche anzunehmen.

Das zweite Elektron des Heliums wird dann ebenfalls in eine Kreisbahn aufgenommen, die aber in einer Ebene gelegen ist, die gegen die erste Ebene eine gewisse Neigung hat.

Die Eigenschaft des Heliums als Edelgas beweist uns, daß hiermit die erste Schale die Anzahl Elektronen, die sie fassen kann, erreicht hat. Es handelt sich nun zunächst darum, ob diese Anordnung auf der ersten Schale durch die weiter hinzukommenden Elektronen nicht zerstört wird. Wir müssen annehmen, daß das nicht der Fall ist. Bei dem nächsten Atom, dem Lithium, können wir nämlich durch elektrische Kräfte ein Elektron fortnehmen, wir können es sogar ganz wesentlich leichter, als wir von den zwei Atomen des Heliums eines entfernen können. Ist das geschehen, so haben wir noch einen Lithiumkern mit zwei Elektronen in der ersten Schale,

Die Anordnung der Elektronen in den Elementen.

Periode	Nr	Schalen	1_1	2_1	2_2	3_1	3_2	3_3	4_1	4_2	4_3	4_4	5_1	5_2	5_3	6_1	6_2	6_3	7_1
I	1	H	1																
	2	He	2																
II	3	Li	2	1															
	4	Be	2	2															
	5	B	2	2	1														
	6	C	2	2	2														
	7	N	2	2	3														
	8	O	2	2	4														
	9	F	2	2	5														
	10	Ne	2	2	6														
III	11	Na	2	2	6	1													
	12	Mg	2	2	6	2													
	13	Al	2	2	6	2	1												
	14	Si	2	2	6	2	2												
	15	P	2	2	6	2	3												
	16	S	2	2	6	2	4												
	17	Cl	2	2	6	2	5												
	18	Ar	2	2	6	2	6												
IV	19	K	2	2	6	2	6		1										
	20	Ca	2	2	6	2	6		2										
	21	Sc	2	2	6	2	6	1	2										
	22	Ti	2	2	6	2	6	2	2										
	23	V	2	2	6	2	6	3	2										
	24	Cr	2	2	6	2	6	5	1										
	25	Mn	2	2	6	2	6	5	2										
	26	Fe	2	2	6	2	6	6	2										
	27	Co	2	2	6	2	6	7	2										
	28	Ni	2	2	6	2	6	8	2										
	29	Cu	2	2	6	2	6	10	1										
	30	Zn	2	2	6	2	6	10	2										
	31	Ga	2	2	6	2	6	10	2	1									
	32	Ge	2	2	6	2	6	10	2	2									
	33	As	2	2	6	2	6	10	2	3									
	34	Se	2	2	6	2	6	10	2	4									
	35	Br	2	2	6	2	6	10	2	5									
	36	Kr	2	2	6	2	6	10	2	6									
V	37	Rb	2	2	6	2	6	10	2	6			1						
	38	Sr	2	2	6	2	6	10	2	6			2						
	39	Y	2	2	6	2	6	10	2	6	1		2						
	40	Zr	2	2	6	2	6	10	2	6	2		2						
	41	Nb	2	2	6	2	6	10	2	6	4		1						
	42	Mo	2	2	6	2	6	10	2	6	5		1						
	43	Ma	2	2	6	2	6	10	2	6	6		1						
	44	Ru	2	2	6	2	6	10	2	6	7		1						
	45	Rh	2	2	6	2	6	10	2	6	8		1						

(Fortsetzung.)

Periode		Schalen	1_1	2_1	2_2	3_1	3_2	3_3	4_1	4_2	4_3	4_4	5_1	5_2	5_3	6_1	6_2	6_3	7_1
V	46	Pd	2	2	6	2	6	10	2	6	10								
	47	Ag	2	2	6	2	6	10	2	6	10		1						
	48	Cd	2	2	6	2	6	10	2	6	10		2						
	49	In	2	2	6	2	6	10	2	6	10		2	1					
	50	Sn	2	2	6	2	6	10	2	6	10		2	2					
	51	Sb	2	2	6	2	6	10	2	6	10		2	3					
	52	Te	2	2	6	2	6	10	2	6	10		2	4					
	53	J	2	2	6	2	6	10	2	6	10		2	5					
	54	X	2	2	6	2	6	10	2	6	10		2	6					
VI	55	Cs	2	2	6	2	6	10	2	6	10		2	6		1			
	56	Ba	2	2	6	2	6	10	2	6	10		2	6		2			
	57	La	2	2	6	2	6	10	2	6	10		2	6	1	2			
	58	Ce	2	2	6	2	6	10	2	6	10	1	2	6	1	2			
	59	Pr	2	2	6	2	6	10	2	6	10	2	2	6	1	2			
	60	Nd	2	2	6	2	6	10	2	6	10	3	2	6	1	2			
	61	Il	2	2	6	2	6	10	2	6	10	4	2	6	1	2			
	62	Sm	2	2	6	2	6	10	2	6	10	5	2	6	1	2			
	63	Eu	2	2	6	2	6	10	2	6	10	6	2	6	1	2			
	64	Gd	2	2	6	2	6	10	2	6	10	7	2	6	1	2			
	65	Tb	2	2	6	2	6	10	2	6	10	8	2	6	1	2			
	66	Dy	2	2	6	2	6	10	2	6	10	9	2	6	1	2			
	67	Ho	2	2	6	2	6	10	2	6	10	10	2	6	1	2			
	68	Er	2	2	6	2	6	10	2	6	10	11	2	6	1	2			
	69	Tu	2	2	6	2	6	10	2	6	10	12	2	6	1	2			
	70	Yb	2	2	6	2	6	10	2	6	10	13	2	6	1	2			
	71	Cp	2	2	6	2	6	10	2	6	10	14	2	6	1	2			
	72	Hf	2	2	6	2	6	10	2	6	10	14	2	6	2	2			
	73	Ta	2	2	6	2	6	10	2	6	10	14	2	6	3	2			
	74	W	2	2	6	2	6	10	2	6	10	14	2	6	4	2			
	75	Re	2	2	6	2	6	10	2	6	10	14	2	6	5	2			
	76	Os	2	2	6	2	6	10	2	6	10	14	2	6	6	2			
	77	Ir	2	2	6	2	6	10	2	6	10	14	2	6	7	2			
	78	Pt	2	2	6	2	6	10	2	6	10	14	2	6	9	1			
	79	Au	2	2	6	2	6	10	2	6	10	14	2	6	10	1			
	80	Hg	2	2	6	2	6	10	2	6	10	14	2	6	10	2			
	81	Tl	2	2	6	2	6	10	2	6	10	14	2	6	10	2	1		
	82	Pb	2	2	6	2	6	10	2	6	10	14	2	6	10	2	2		
	83	Bi	2	2	6	2	6	10	2	6	10	14	2	6	10	2	3		
	84	Po	2	2	6	2	6	10	2	6	10	14	2	6	10	2	4		
	85	—	2	2	6	2	6	10	2	6	10	14	2	6	10	2	5		
	86	Em	2	2	6	2	6	10	2	6	10	14	2	6	10	2	6		
VII	87	—	2	2	6	2	6	10	2	6	10	14	2	6	10	2	6		1
	88	Ra	2	2	6	2	6	10	2	6	10	14	2	6	10	2	6		2
	89	Ac	2	2	6	2	6	10	2	6	10	14	2	6	10	2	6	1	2
	90	Th	2	2	6	2	6	10	2	6	10	14	2	6	10	2	6	2	2
	91	Pa	2	2	6	2	6	10	2	6	10	14	2	6	10	2	6	3	2
	92	U	2	2	6	2	6	10	2	6	10	14	2	6	10	2	6	5	1

also ein positiv beladenes Lithiumion. Regen wir dieses zum Leuchten an, so gibt es ganz dasselbe Lichtspektrum wie das Heliumatom, nur sind alle Wellenzahlen mit dem Verhältnis der Kernladungen 3 : 2 im Quadrat zu vervielfachen, entsprechend der Formel auf S. 106, wo das z im Quadrat vorkommt. Aber der Beweis geht noch weiter. Das folgende Element Beryllium mit zwei Elektronen auf der äußersten Schale kann doppelt ionisiert werden, das nächste Bor dreifach und das folgende C-Atom vierfach. In allen diesen Fällen bleiben nur noch zwei Elektronen auf der ersten Bahn, und überall wiederholt sich dasselbe, das Spektrum ist immer dem des Heliumatoms gleich, bis auf die Verschiebung des Ganzen wegen der Vergrößerung der Kernladung. Man kann also alle Linien von vornherein aus den Heliumlinien berechnen. Die Erfahrung bestätigt dann, soweit man die Linien bisher hat herstellen können, diese Rechnung. Aus diesem Verhalten schließt man, daß die einmal untergebrachten Elektronen durch später eintretende nicht mehr gestört werden.

Nach Besetzung der ersten Schale kann das dritte Lithiumelektron nur die zweite Schale beginnen, es ordnet sich auf die elliptische Bahn 2_1. Solche Bewegungen auf elliptischen Bahnen machen in unserem Sonnensystem die Kometen. Dann liegt aber die anziehende Sonne nicht etwa im Mittelpunkt der Ellipse, sondern ganz an einem Ende in dem sogenannten Brennpunkt. So ist es auch hier bei der Bewegung des Elektrons. Es kommt daher auch zeitweilig in große Nähe der ersten Schale. Dann wird es mutmaßlich von dem nahen Kern so stark angezogen, daß es aus seiner Bahn ganz herausfliegt, den Kern nahe umkreist und dann wegen seiner großen Geschwindigkeit sich wieder weiter entfernt. K r a m e r s und H o l s t haben in einem Büchlein „Das Atom" versucht, diese Verhältnisse bildlich darzustellen, und wir haben ihre Zeichnungen hier wiedergegeben. Auf der S. 160 sieht man zuerst die einfache Kreisbahn des Wasserstoffs, dann die beiden Bahnen der Heliumelektronen, die zwar ebenfalls Kreisbahnen sind, hier aber wie von der Seite angeschaute Kreise als Ellipsen gezeichnet sind, um darstellen zu können, daß die beiden Bahnen nicht in einer Ebene liegen, sondern in Ebenen, die einen Winkel miteinander bilden. Da sich das dritte Lithiumelektron zeitweilig sehr weit von dem anziehenden und festhaltenden Kern entfernt, so ist sofort verständlich, warum das Lithiumatom stark elektropositiv ist, d. h. warum es so leicht dieses sein Elektron abgeben kann. Bei den folgenden Elementen dieser Periode werden dann die übrigen Stellen der zweiten Schale der Reihe nach besetzt, wie aus der Tabelle S. 165 zu ersehen ist, bis bei dem Element mit der Nummer 10 wieder ein Edelgas auftritt, das Neon.

Dann folgt die Auffüllung der dritten Schale. Angefangen vom Natrium, ordnen sich die neu hinzukommenden Elektronen in den Bahnen 3_1 und 3_2 geradeso wie in der vorhergehenden Periode in 2_1 und 2_2, wie man durch einen Blick in die Tabelle sogleich erkennt. Und dann kommt als 18tes Element auch wieder ein Edelgas, das Argon. Unsere Abb. 39 läßt sehr gut den geschlossenen, allseitig symmetrischen Bau der Edelgasschalen erkennen beim Neon und Argon. Im Gegensatz dazu sieht man die weit hinausführende Bewegung des letzten Natriumelektrons. Die Ellipse 3_1 ist noch schlanker gestreckt als 2_1. Das Elektron kommt dann dem Kern sehr nahe, es taucht in die näheren Elektronenschalen hinein, kommt dabei in schnellem Fluge auch den andern Elektronen sehr nahe, wodurch die Kräfte, die es beeinflussen, eine schnelle und starke Änderung erfahren. In Kernferne dagegen ist es sehr wenig behütet und kann schon durch verhältnismäßig geringe Kräfte und Stöße so aus seiner Bahn herausgeschleudert werden, daß es den Weg nicht mehr zurückfindet. Mit dem Argon sind nun die beiden ersten Untergruppen der dritten Schale besetzt.

Man könnte erwarten, daß nun die Besetzung der Bahnen 3_3 erfolgen würde. Das ist aber nicht der Fall, denn das folgende Kaliumatom hat alle Eigenschaften des Lithiums und des Natriums. Man muß also schließen, daß es das 19te Elektron, ähnlich wie diese, auf einer sonst unbesetzten Schale in gestreckt elliptischer Bahn einbaue. Das wäre dann die Bahn 4_1, die also in Angriff genommen wird, bevor die Kreisbahnen der dritten Schale 3_3 besetzt sind. Ähnlich das fol-

gende Element Kalzium. Hier zeigt sich im periodischen
System eine Unregelmäßigkeit. Das nächste Element Skan-

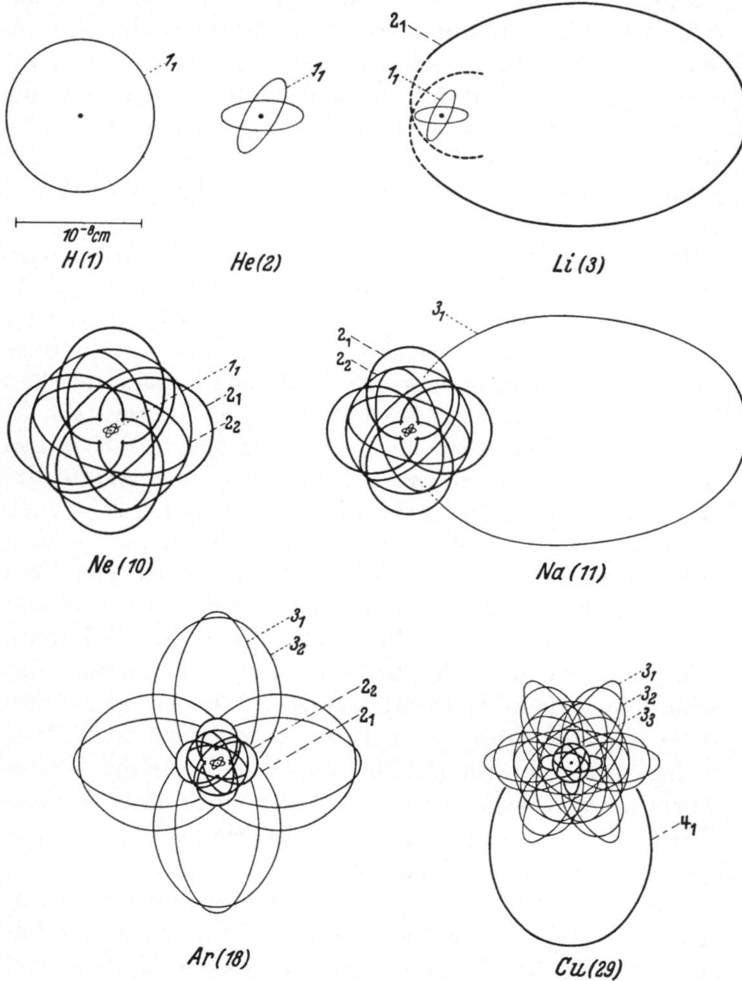

Abb. 39. Mutmaßliche Bahnen verschiedener Elemente. Zeichnung von
Kramers und Holst.

dium hat nicht die ausgesprochene Wertigkeit 3, die ihm zu-
käme, und ebenso verhält es sich bei den folgenden Elementen. Die Unregelmäßigkeit endet erst mit der Dreizahl von

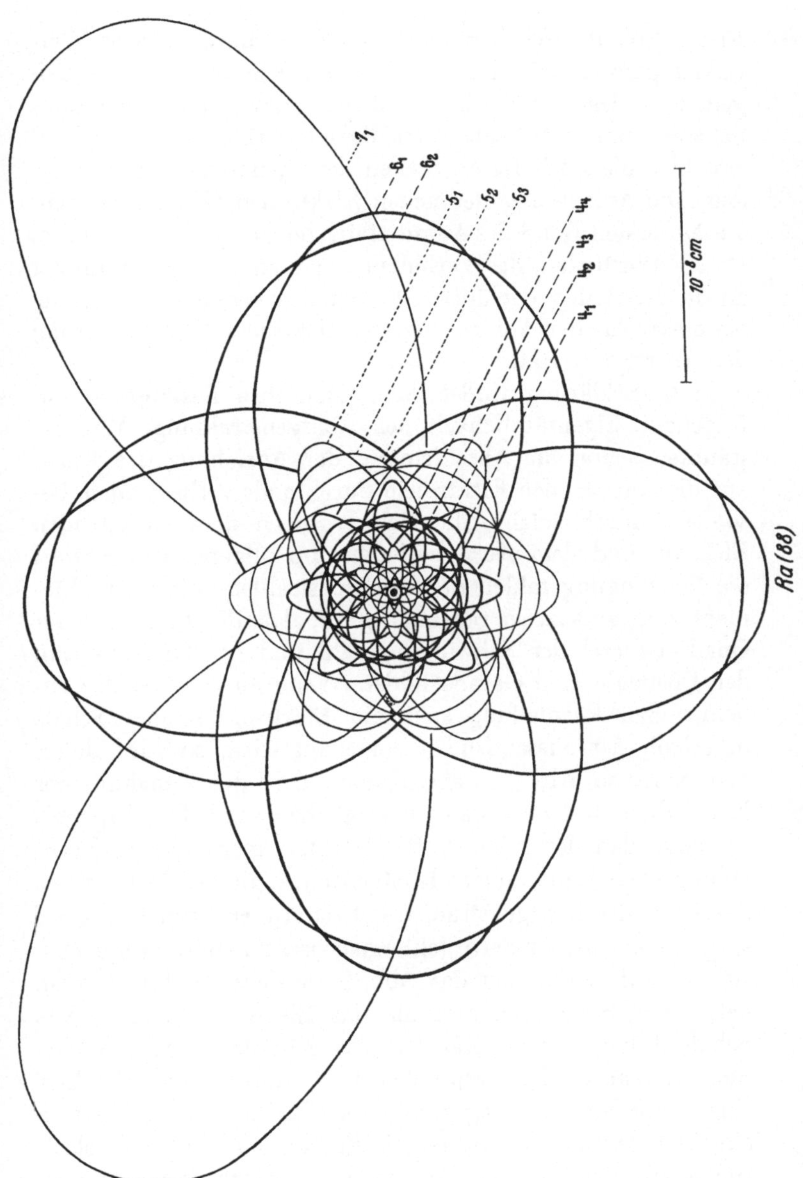

Abb. 39. Die Elektronenbahnen des Ra-Atoms. Die Bahnen der 2. 4. 6. Schale sind durch stärkere Linien von denen der 1. 3. 5. 7. Schale unterschieden.

Eisen, Kobalt, Nickel, die, wie schon erwähnt, in ihrer Wertigkeit ganz gleich sind, im Widerspruch mit dem Grundgedanken des periodischen Systems. Diese ganze Eigentümlichkeit findet jetzt eine befriedigende Erklärung darin, daß erst hier die noch freien Stellen der 3_3-Bahnen besetzt werden. Die Anlagerung der neuen Elektronen findet also nicht am äußersten Rand des Atoms statt, sondern mehr im Innern. Da die Wertigkeit, das Verhalten gegen andere Atome, immer an die Besetzung der äußersten Schalen gebunden ist, findet bei dieser Art der Anlagerung von Elektronen keine Änderung der Wertigkeit statt.

Diese Erklärung findet dann auch ihre Bestätigung mit folgender Eigentümlichkeit der Röntgenstrahlung. Wir erwähnten schon die Abschirmung der Anziehung des Kerns auf die springenden Elektronen durch andere Elektronen, besonders durch solche, die sich zwischen dem springenden Elektron und dem Kern befinden. Im allgemeinen nehmen die Schwingungszahlen der Röntgenstrahlen von einem Element zum andern so regelmäßig zu, daß die Linie aus der Quadratwurzel der Schwingungszahl und der Ordnungszahl der Elemente eine Gerade bildet. Wenn aber neben der zunehmenden Kernladung auch ein Elektron in einer Schale innerhalb der aussendenden eingebaut wird, so wird dieses den Kern so wirksam abschirmen, daß die Zunahme der Kernladung fast oder ganz ausgeglichen wird. Das Ergebnis ist dann, daß der folgende Stoff trotz seiner höheren Kernladung doch keine höhere Röntgenschwingungszahl ausweist. Die Linie der Röntgenstrahlen hat dann hier einen Knick, sie steigt nicht auf, sondern geht waagerecht weiter. Wenn man sich darauf die Linien der Abb. 40 ansieht, so findet man, daß die N-Strahlung, also die das Elektron auf die vierte Schale führt, gerade hier bei den Elementen 21—28 eine Störung hat in der besprochenen Richtung. Sie geht hier eine ganze Strecke waagerecht, was also besagt, daß hier in einer Schale unter der vierten ein Einbau von Elektronen stattfindet zugleich mit der zunehmenden Kernladung. Das ist es aber gerade, was hier behauptet wird, daß die noch freien Stellen der 3_3-Bahnen jetzt benutzt werden.

In der zweiten Hälfte der vierten Periode findet dann vom Element 29, Kupfer bis zum Krypton 36, der endgültige Aufbau der 4_1- und 4_2-Schalen statt, mit ganz derselben Besetzung wie bei 2_1 und 2_2 und bei 3_1 und 3_2.

Auf das Krypton folgt dann die fünfte Periode. Sie beginnt wieder mit einem ausgesprochen positiv einwertigen Element, dem Rubidium, das sich in der sehr schlanken Ellipse 5_1 bewegt, dann wiederholt sich zunächst ganz derselbe Aufbau wie in der vorigen Periode, es folgen unter Ausbau der Schale 4_3 Elemente mit ganz schwankender Wertigkeit, und zuletzt wieder eine Dreizahl von chemisch sehr ähnlichen Stoffen 44, 45, 46, und darauf ebenfalls wieder wie in der vorigen Periode die ganz regelmäßige Besetzung der Schalen 5_1 und 5_2 mit den Elementen vom Silber 47 bis zum Edelgas Xenon 54.

Die sechste Periode beginnt mit den Elementen Cäsium und Barium, die ganz in das regelmäßige System passen. Aber dann folgt in dieser Periode die sonderbare Gruppe der seltenen Erden mit 14 Elementen von fast gleichem chemischem Verhalten. Die Spektraluntersuchungen haben ergeben, daß jetzt erst die um zwei Stufen tiefer liegenden noch freien

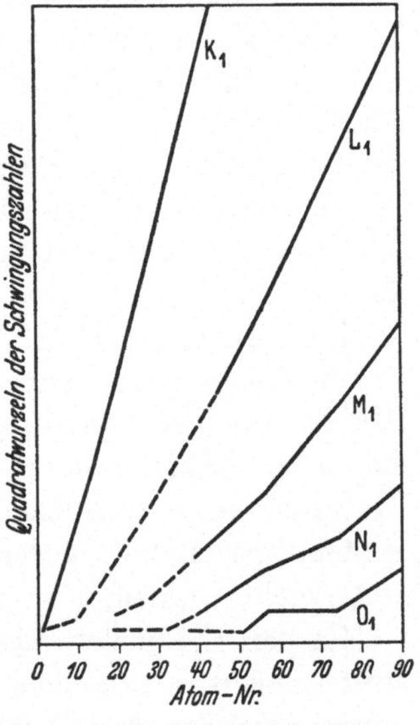

Abb. 40. Der Verlauf der Röntgenlinien zeigt die Abweichungen vom regelmäßigen Aufbau der Schalen durch Knicke an.

4_4-Bahnen besetzt werden. Sie können gerade 14 Elektronen aufnehmen, die Zahl der seltenen Erden. Ein Vergleich mit Blick auf die Linien der Röntgenstrahlen (Abb. 40) zeigt uns sogleich, daß die O-Gruppe, also die Strahlen, die in der fünften Schale einmünden, gerade hier eine große Störung des regelmäßigen Anstiegs erfahren, die Linie ist von Element 57—71 ganz waagerecht, was also bedeutet, daß unterhalb der fünften Schale Elektronen eintreten und die Wirkung des

Kerns stark abschirmen. Das Rätsel der seltenen Erden findet durch diese Beobachtungen eine sehr ungezwungene Erklärung.

Hier sollten die Überlegungen Bohrs noch einmal eine glänzende Bestätigung finden. Bisher hatte man das Element Nr. 72 nicht gefunden. Man hielt es für das letzte der seltenen Erden. Nach Bohrs Überlegungen war aber mit dem Element 71, das sicher noch zu den seltenen Erden gehörte, die Schale 4 vollständig besetzt. Dann konnte sich das letzte Elektron des Elements 72 nur in der äußeren Schale ansiedeln, womit die gewöhnliche Weiterführung der Wertigkeit im periodischen System gegeben war. Das Element 72 kam dann in die IV. Gruppe und mußte dem Zirkon besonders ähnlich sein. Da chemisch sehr ähnliche Stoffe sich häufig in demselben Gestein zusammengelagert vorfinden, ließ Bohr im Vertrauen auf die Richtigkeit seiner Anschauungen in Zirkongesteinen nachsuchen. Das „Nachsuchen" bestand darin, daß er das Röntgenspektrum des Gesteines aufnehmen ließ, und er hatte die Genugtuung, daß sich sogleich bei dem ersten Versuch in dem Zirkongestein eine ganz erhebliche Menge von mehreren Prozenten des Elements 72 zeigte, das dann zu Ehren von Bohrs Heimat Kopenhagen (Lat.) Hafnium genannt wurde. Es konnte dann aus dem Zirkongestein gesammelt, gereinigt und in seinen Eigenschaften untersucht werden.

Mit den Elementen 72—78 wird dann die sechste Periode weitergebaut in derselben Weise wie in der ersten Hälfte der vorhergehenden drei Perioden mit der Dreizahl 76 Osmium, 77 Iridium, 78 Platin. Und ebenso erfolgt dann der regelmäßige Aufbau der zweiten Hälfte dieser Periode, in den Bahnen 6_1 und 6_2 mit dem einwertigen Gold beginnend und endigend mit der Emanation der radioaktiven Stoffe als ihrem Edelgas.

Die Elemente der nun folgenden siebenten und letzten Periode sind alle radioaktiv, d. h., sie sind unbeständig und verschwinden gesetzmäßig durch die radioaktive Explosion. Das erste dieser Elemente mit der Nummer 87 ist eines von den zweien, die noch nicht aufgefunden sind. Dann folgt das Radium mit ganz den Eigenschaften, die seiner Stellung nach

zu erwarten sind. Unsere Tafel gibt in Abb. 39 als Beispiel
der verwickelten Elektronenbahnen für die schwereren Elemente die Anordnung der Elektronen im Radiumatom. Man
sieht deutlich die sechs gefüllten Schalen, und davon sich abhebend die zwei langgestreckten Bahnen 7_1 auf der angefangenen siebenten Schale, welche die Zweiwertigkeit des Radiumatoms bestimmen. Uran als schwerstes Element beschließt
unser System. Man könnte hier nun wohl noch weiter fortfahren und die Eigenschaften der Elemente anführen, die es
nicht gibt; wie wir jetzt mit Wahrscheinlichkeit sagen können, die es auch nicht geben kann. Denn wie wir an den letzten Elementen sehen, wären sie wohl alle radioaktiv, vielleicht
in noch höherem Grade als die noch bestehenden Stoffe 88
bis 92, und müßten, wenn sie je bestanden hätten, durch
Zerfall verschwunden sein.

16. Schlußwort.

So haben wir in schnellem Flug aus hoher Vogelschau ein
Werk betrachtet, das man zu den größten Leistungen des
menschlichen Geistes zählen muß. Wir haben es in der Weise
kennengelernt, daß wir seinen Aufbau aus den ersten Anfängen bis zur jetzigen — Vollendung dürfen wir nicht sagen,
denn es fehlt noch manches —, also bis zu seinem jetzigen Zustand Schritt für Schritt verfolgt haben. Wir haben zuerst
gesehen, wie die junge Naturwissenschaft den Beweis erbrachte, daß diese ganze Schöpfung ein einheitliches Werk
darstellt, von denselben Naturgesetzen beherrscht, aus denselben Stoffen gebildet. Durch diese erste Leistung wurde der
Gegenstand der Naturforschung fest umrissen, in einen Rahmen eingespannt. Das war für die weitere Erforschung von
der größten Bedeutung. Wenn die Himmelskörper, wie Aristoteles gemeint hatte, aus einem eigenen Stoff bestehen, der
wesentlich verschieden ist von den Körpern auf unserer Erde,
so wären sie dadurch in ewig unerreichbare Fernen gerückt.
Jetzt wußte man, die Körperwelt bildet ein Ganzes, und wenn
man an den Stoffen dieser Erde arbeitet, so arbeitet man
doch an dem Ganzen. Nach etwa zwei Jahrhunderten glückte

der nächste Schritt, der Nachweis, daß man die Gesamtheit aller Stoffe der Welt zurückführen kann auf 92 Elemente, aus denen die ganze Körperwelt aufgebaut ist. Und wieder hundert Jahre später erkannte man, daß diese 92 Elemente alle aus einer verschieden großen Zahl von Wasserstoffkernen bestehen, denen aber neu entdeckte Elektrizitätsatome ihre Kräfte und Eigenschaften verleihen. So haben wir als letzte Bausteine der Körperwelt zwei zu nennen. Das Elektron und der positive Kern des Proton. Im Kern ist die ganze schwere Masse des Atoms auf kleinsten Raum vereinigt, so daß wir dort eine Dichte des Stoffes annehmen müssen, die alle unsere Vorstellung weit übersteigt. Warum mit dieser schweren Masse immer die positiven Elektrizitätsatome verbunden sind, unzertrennlich verbunden sind, das ist noch eines der ungelösten Rätsel über den Atomkern.

So mußte man bis vor kurzem schreiben. Jetzt ist es schon etwas anders, — wenn die neuesten Beobachtungen und ihre Deutung sich bestätigen sollten. Nachdem aber diese Versuche schon an mehreren Stellen wiederholt sind, und die Ergebnisse immer in demselben Sinn sich schnell mehren, scheint das wohl der Fall zu sein. Dann ist zu den genannten Bausteinen noch das positive Elektrizitätsatom hinzugekommen, die Elektrizität ohne Belastung mit einem Kern des Wasserstoffs oder dergleichen. Wir müssen „das Positron" sogleich als einen der Bausteine betrachten, denn ein kleinstes Gebilde kann man nicht durch Zusammensetzung aus anderen entstanden denken. Dann käme zu den zwei Elektrizitätsatomen nun noch ein dritter Baustein hinzu, der, wie bisher, die schwere Masse mit sich bringt. Was aber seine elektrische Ladung angeht, so ist das jetzt unsicher geworden.

Nachdem auch Wasserstoffkerne ohne Ladung gefunden sind, die Neutronen, könnte man annehmen, daß sie der dritte Baustein sind. Die positiven Wasserstoffkerne, die Protonen, wären dann zusammengesetzter Natur, zusammengesetzt aus einem Neutron und einem Positron. Man könnte aber auch die Protonen wie bisher beibehalten, dann wären eben die Neutronen entstanden aus Protonen, deren positive Ladung durch ein Elektron ausgeglichen wäre. Vielleicht

wird die Zukunft uns für die eine oder die andere Auffassung
bestimmte Hinweise bieten. Solange solche feste Anhaltspunkte an der Erfahrung noch nicht vorliegen, darf man
geltend machen, daß die erste Annahme — Neutronen als
letzte Bausteine — die einfachere ist. In der zweiten Auffassung wären einmal die Neutronen verwickelter, als notwendig ist, sie würden nämlich zuerst mit einer positiven
Ladung versehen und dann würde diese wieder durch eine
negative ausgeglichen und außerdem käme bei dieser Annahme das positive Elektrizitätsteilchen in doppelter Auf-
machung vor, einmal frei als Positron und einmal mit dem
Wasserstoffkern vereinigt. Das wäre ein Vorkommen, wie es
mit der bisher immer beobachteten großen Einfachheit in den
Grundgesetzen der Natur nicht recht vereinbar wäre. Mehr
als drei Bausteine anzunehmen, hätten wir vorläufig keinen
Grund und darum auch nicht das Recht, wenn wir dabei
bleiben wollen, daß wir die Zahl der Annahmen nicht größer
machen dürfen, als notwendig ist zur Erklärung aller Tatsachen. Denn wir können aus diesen drei Bausteinen alle bekannten körperlichen Gebilde zusammenstellen.

Wenn wir es uns recht überlegen, so sind die Atome trotz
mancher Abweichungen doch einem Planetensystem am meisten ähnlich. Der Kern ist die Sonne, und die Elektronen
sind die Planeten. Allerdings sind hier die Planeten alle von
streng derselben Größe und einander gleich in allen ihren
Eigenschaften. Darum macht es auch keine Schwierigkeit,
daß sie manchmal, bei Aussendung eines Röntgenstrahls, ihre
Plätze wechseln. Der lange Jupiter war, spielt mal eine Zeitlang Merkur. Nur ist die Freizügigkeit nicht bloß durch die
Keplerschen Gesetze, sondern auch durch die Bohrschen
sehr beschränkt. Es sind ihnen nur bestimmte Straßen frei-
gegeben, die sie nicht verlassen dürfen.
Die Umlaufszeiten der Planeten sind hier viel kleiner, wie
das bei so winzigen Gebilden ja wohl zu erwarten ist. Aber
die Zahl wird uns doch überraschen. Beim Wasserstoffelektron, das die kleinste Umlaufszahl hat von allen Elektronen
auf einer ersten Bahn, ist die Zahl der Umläufe $65 \cdot 10^{15}$,

oder 65 000 Billionen in einer Sekunde. Die große Zahl kommt davon her, daß die elektrischen Kräfte sehr groß sind, daher muß auch die Fliehkraft sehr groß werden. Die hängt aber von der Masse ab, die wieder sehr klein ist bei den Elektronen. Daher muß die Geschwindigkeit um so größer sein.

Der Atomsonnen gibt es verschiedene Arten. So viele, als es verschiedene Elemente (92) gibt, wenn wir nur die elektrische Ladung, also die Ausgangspunkte und die Stärke der anziehenden Kräfte beachten. Wenn wir aber auf die Masse der Kerne sehen, so gibt es möglicherweise 238, von denen gegen 200 bekannt sind. Darunter haben aber einige gleiche Masse und nur ungleiche elektrische Ladungen.

Die Raumausfüllung ist derjenigen bei dem Sonnensystem nicht sehr unähnlich. Zwar ist der Abstand zwischen Kern und Elektron selbst beim Wasserstoff mehr als tausendmal kleiner als alles, was wir auch im schärfsten Mikroskop sehen können. Man könnte glauben, so kleine Abstände seien ohne Bedeutung. Aber wenn wir daneben die geringe Ausdehnung des Kerns und des Elektrons selber halten, so sieht es doch ganz anders aus. Wir nehmen den Kern des Wasserstoffatoms zu 10^{-12} mm, den Abstand des Elektrons auf der nächsten Bahn zu $0,5 \cdot 10^{-7}$ mm. Um zu vorstellbaren Größen zu kommen, vervielfachen wir alles mit 10^{12}, also billionenmal. Dann hat der Kern einen Durchmesser von 1 mm und das Elektron kreist in einem Abstand von 50 m um diesen Stecknadelkopf. Dazwischen ist alles leer. Wollen wir das mit dem Sonnensystem vergleichen, so ist zu beachten, daß der Sonnenhalbmesser 700 000 km $= 7 \cdot 10^{11}$ mm groß ist. Wir vervielfältigen alles noch einmal mit dieser Zahl, dann kommt das Elektron in einen Abstand von $35 \cdot 10^{9}$ km. Nun ist der Abstand des Neptun, des äußersten Sonnenplaneten, $4,5 \cdot 10^{9}$ km. Das Elektron wäre also achtmal weiter von der Sonne entfernt als in unserm Sonnensystem der äußerste Planet. Man müßte sich alle Planeten bis zum letzten von der Sonne fortdenken und diesen letzten dann noch achtmal weiter zurückschieben, dann wäre die Leere unseres Sonnensystems derjenigen eines Wasserstoffatoms gleich. Bei anderen schwereren Elementen ist es zwar etwas anders, das Elektron rückt näher an den Kern heran, und auch die Kerne dürfen wir etwas ausgedehnter annehmen, aber an der Größenordnung der Verhältnisse wird es doch nichts ändern, die Raumausfüllung der schwereren Atome ähnelt noch mehr derjenigen unseres Sonnensystems. Und dabei ist immer noch zu beachten, daß die Kerne vielleicht noch viel kleiner sind, als wir angenommen haben, dann werden alle diese Verhältnisse noch entsprechend ungünstiger für eine gleichmäßige Raumausfüllung.

Das sind also die Dinge, deren wir uns täglich bedienen. Und so etwas nennen wir unsern Stuhl und setzen uns mutig darauf und denken gar nicht daran, in welcher Gefahr wir uns befinden, zwischen zwei Sonnensysteme durchzufallen. Und so etwas nennt der Flieger seinen Propeller und schwingt ihn mit rasender Geschwindigkeit durch die Luft und fürchtet gar nicht, daß dieses schleierhafte Gebilde nach allen Seiten auseinanderfliegt. Und der Brückenbauer benutzt das, um einen schweren Träger daraus zu machen für seine Brücke, über die dann Züge mit mehreren hundert Menschen fahren sollen! Und Krupp will uns glauben machen, daß seine Stahlflaschen, die er aus solchem Stoff hergestellt hat, getrost mit Gasen unter hundert Atmosphären Druck gefüllt werden können, ohne daß auch nur Spuren durch diese Räume entweichen.

Das sind nicht dichte Stoffe, das sind ausgespannte Netze mit sehr weiten Maschen. — Gewiß sind sie das, aber die Körper, die mit ihnen zusammenstoßen, die sie auffangen sollen, sind auch solche Netze, die können deshalb nicht hindurchfallen. Lassen wir aber wirklich einen Körper auftreffen, der nicht ein solches Netz darstellt, wie es Lenard getan hat, als er einzelne Kathodenstrahlen auftreffen ließ, und Rutherford mit Heliumkernen, da gingen sie wirklich glatt hindurch und unter vielen Tausenden traf nur zufällig einmal einer auf einem Knoten des Netzes.

Wie kamen die Naturforscher nur dazu, uns aus unsern guten handfesten Eisenstangen so fadenscheinige Gebilde zu

machen? Fast sollte man meinen, das Unwahrscheinlichste
hätte sie am meisten angelockt?

Aber die Forscher haben sich gar nicht anlocken lassen!
Zuneigung und Abneigung haben bei diesen Aufstellungen
gar keine Rolle gespielt. Das dürfte aus dem ganzen Vorstehenden deutlich ersichtlich sein. Darum wurde diese Darstellung in Anlehnung an den geschichtlichen Verlauf ge-
wählt, um vor jedem neuen Schritt die Gründe darlegen zu
können, die das weitere Vorgehen als berechtigt und als notwendig erweisen sollten. Leichtsinnige Neuerungssucht war
schon dadurch ausgeschlossen, daß dieses Werk in mehreren
Jahrhunderten erbaut ist, und daß inzwischen alle Völker
eines hinreichenden geistigen Hochstandes sich an dem Bau
beteiligt haben. Bald wurde von hier, bald von dort ein Stein
herbeigebracht und jeder, der ihn in das Gebäude einfügen
wollte, mußte sich erst überzeugen, ob auch die Stelle, auf
die er ihn legen mußte, hinreichend fest und dauerhaft gearbeitet war. Gewiß, das Werk ist in edlem Wettstreit aller
gebildeten Völker errichtet worden, aber aus der Zusammen-
arbeit wurde doch ganz von selbst und ganz notwendig eine
beständige Nachprüfung der von andern geleisteten Arbeit.
Das entscheidende Merkmal dabei war immer nur das eine,
die Übereinstimmung mit den Tatsachen. Darum dürfen wir
jetzt gewiß mit freudigem Vertrauen auf dieses Werk hin-
blicken, aber die Freude an dem Erreichten gibt uns nicht
das Recht, geringschätzig herabzuschauen auf andere Zeiten
oder andere Völker. Wir hätten nicht an den oberen Stock-
werken des Hauses bauen können, wenn nicht andere vor uns
die Grundmauern gelegt und die unteren Stockwerke errichtet hätten. Der Russe Mendelejeff und der Deutsche
L. Meyer hätten ihr System nicht aufstellen können, wenn
nicht der Schwede Berzelius und seine Nachfolger mit un-
ermüdlichem Fleiß und bewundernswertem Scharfsinn sich
der Bestimmung der Atomgewichte und der Ermittlung der
Wertigkeiten unterzogen hätten. Der Däne Niels Bohr hätte
nicht diese kühnen Vorstöße ins Innere des Atoms vornehmen
können, hätte ihm nicht der Engländer Rutherford den
rechten Weg gewiesen und der Schweizer Balmer das Ziel so

deutlich vor die Augen gerückt und der Deutsche P l a n c k ihm seinen leistungsfähigen Quantenwagen zur Verfügung gestellt.

Darum ist dieses Werk, das wir jetzt vor uns sehen, kein babylonischer Turm stolzer Überheblichkeit. Es ist ein Haus stiller, unverdrossener, angestrengter Arbeit. Wer immer meint, daß wir auf andere Völker und andere Zeiten herabschauen dürften, weil wir es so herrlich weit gebracht haben, der soll auf diesen Bau schauen und sich erinnern, wieviel wir anderen Geschlechtern verdanken, daß wir dieses Gebäude aufführen konnten. Und wer immer angesichts zahlreicher Mißerfolge und Enttäuschungen geneigt sein sollte zu verzweifeln an der Fähigkeit des menschlichen Geistes, der soll wieder auf dieses Gebäude schauen. Der Menschengeist hat es sicher gegründet auf den Felsengrund der Tatsachen und hat es fest gefügt in den ehernen Gesetzen der Natur.

17. Anhang.

I. Zusammenstellung der wichtigsten Größen-
angaben für die Bausteine der Körperwelt.
Maße der Atome.

Die Anzahl der Wasserstoffatome in 1 Gramm ist $6 \cdot 10^{23}$.

Ebenso groß ist die Zahl der Atome aller Elemente in einem
Grammatom.

Ebenso die Zahl der Molekeln in einem Grammolekel.

Das Volum des Grammolekels irgendeines Gases bei 0^0 C
und Atmosphärendruck beträgt $22,4\,\mathrm{l} = 22\,400$ ccm.

Daher ist der Raum für 1 Molekel irgendeines Gases bei 0^0
und Atmosphärendruck $\dfrac{22\,400}{6 \cdot 10^{23}} = 3{,}7 \cdot 10^{-20}$ ccm.

Ein Würfel dieses Inhalts hätte die Kantenlänge von
$3{,}33 \cdot 10^{-7}$ cm.

Dieser Raum wird aber von den Gasen selbst nicht ausgefüllt,
da sie in beständiger Bewegung begriffen sind. Der Durchmesser der Gase selbst liegt zwischen 1 und $3{,}5 \cdot 10^{-8}$ cm.

Das Gewicht eines Wasserstoffatoms beträgt $1 : 6 \cdot 10^{23}$
$= 1{,}66 \cdot 10^{-24}$ g.

Das Gewicht irgendeines Atoms vom Atomgewicht A beträgt
$A \cdot 1{,}66 \cdot 10^{-24}$ g.

Maße der Atombestandteile.

Die spezifische Ladung des Wasserstoffions ε/m beträgt
$96\,500$ Coulombs/g.

Die spezifische Ladung des Elektrons ε/m ist $1{,}77 \cdot 10^8$ Cou-
lombs/g.

Die elektrische Ladung eines Elektrons ist $4{,}77 \cdot 10^{-10}$ elektrostatische Einheiten oder $1{,}59 \cdot 10^{-19}$ Coulombs.

Ebenso groß ist die Ladung eines einwertigen Ions, positiv
oder negativ.

Die (Ruh-) Masse des Elektrons ist $9 \cdot 10^{-28}$ g $= 1$ H-Atom/ 1850.

Der Durchmesser des Elektrons wird geschätzt zu $3 \cdot 10^{-12}$ cm.

Der Durchmesser der Atomkerne liegt zwischen 10^{-13} und 10^{-12} cm.

Der Halbmesser der ersten Elektronenbahn des Wasserstoffelektrons ist $0{,}53 \cdot 10^{-8}$ cm, also der Durchmesser nahezu 10^{-8} cm.

Die Bahngeschwindigkeit auf dieser Bahn ist 2200 km/sek, auf der n ten Bahn ist sie n mal kleiner. Wenn die Kernladung z beträgt, ist sie z mal größer (beim ionisierten Helium z. B.).

Das Wirkungsquantum $h = 6{,}55 \cdot 10^{-27}$ Erg/sek.

Die Lichtgeschwindigkeit c ist 300 000 km/sek $= 3 \cdot 10^{10}$ cm/ sek.

II. Einige wichtige mathematische und theoretische Beziehungen.

Zu S. 13. Damit ein Körper sich auf einer kreisförmigen Bahn mit dem Halbmesser r bewege bei gleichbleibender Geschwindigkeit v, muß er beständig eine Beschleunigung zum Kreismittelpunkt hin erhalten. Diese Beschleunigung ist allgemein $A = v^2/r$. Nun $ist\ v = \dfrac{2\pi r}{T}$, ($T$ die Umlaufszeit) und daher $A = \dfrac{v^2}{r} = \dfrac{4\pi^2 r}{T^2}$. Nun ist die Entfernung des Mondes von dem Erdmittelpunkt $r = 385 \cdot 10^6$ m. Die Umlaufszeit beträgt $T = 27{,}3$ Tage. Rechnen wir die Strecken in Millimeter und die Zeit in Sekunden (1 Tag $= 86\,400$ Sekunden), so kommt

$$A = \frac{4\pi^2\,385 \cdot 10^9}{(27{,}3 \cdot 86\,400)^2} = 2{,}7 \text{ mm}.$$

Die Frage ist, ob die Erde ihm diese Beschleunigung zum Erdmittelpunkt hin geben kann. Auf der Erde beträgt die Beschleunigung aller Körper 980 cm/sek. Da der Mond 60 mal soweit absteht, ist die Anziehung und daher auch die Beschleunigung in der Entfernung des Mondes $60^2 = 3600$ mal kleiner. Nun ist aber 9800 mm : 3600 $= 2{,}7$ mm.

Die Erde erteilt dem Mond also wirklich die Beschleunigung, die er braucht, um beständig auf seiner kreisförmigen Bahn zu bleiben.

Zu S. 5o. Bestimmung der Kathodenstrahlteilchen durch Ablenkung mit elektrischen und magnetischen Kräften. Wir beginnen mit der elektrischen Ablenkung.

Angenommen, die Teilchen kommen mit der Geschwindigkeit v zwischen die beiden Platten. Die Plattenlänge sei l. Dann werden sie für diesen Weg die Zeit $l/v = t$ gebrauchen.

Während dieser Zeit unterliegt das Teilchen beständig der etwa nach unten ablenkenden Kraft der geladenen Platten. Sind die beiden Platten auf $+V$ und $-V$ Volt geladen, und ist ihr Abstand voneinander $= d$, so nennt man $2\,V/d = H$ die Feldstärke in dem Raum zwischen den Platten, und eine Ladung von der Größe ε unterliegt dort einer elektrischen Kraft, die gegeben ist durch $F = H\varepsilon$. Nach dem Grundgesetz unserer Bewegungslehre erfährt jeder Körper durch die Kraft F eine Beschleunigung, die nur noch von seiner Masse abhängt, und es ist diese Beschleunigung A gegeben durch die Gleichung $F = m\,A$, also $A = F/m$. Im vorliegenden Falle ist die Kraft die eben berechnete $F = H\varepsilon$, und daher die Beschleunigung $A = H\varepsilon/m$.

Was man schließlich an dem Verschieben des leuchtenden Flecks beobachtet, ist der Weg, den das Teilchen während der ganzen Zeit t nach unten gemacht hat, die Strecke AB (Abb. 12). Bei konstanter Beschleunigung ist dieser Weg $a = \frac{1}{2}\,At^2$. Führen wir die erhaltenen Werte für A und t darin ein, so findet sich

$$a = \frac{\frac{1}{2}\,H\varepsilon/m\,l^2}{v^2} \quad \text{oder} \quad \frac{\varepsilon/m}{v^2} = \frac{2a}{Hl^2}\,,$$

wo links nur Unbekannte, ε/m und v stehen. Zur Lösung braucht man noch eine zweite Gleichung, die uns die magnetische Ablenkung verschafft.

Eine elektrische Ladung ε, die sich mit der Geschwindigkeit v bewegt, stellt einen Strom von der Stärke εv dar, und in einem magnetischen Feld vom Betrage $\mathfrak{H}$ wird dieser Strom eine ablenkende Kraft erfahren von der Stärke $\varepsilon v\,\mathfrak{H}$.

174

Da die magnetische Kraft immer senkrecht zur Stromrichtung wirkt, wird sie das Teilchen im Kreise treiben, und die Krümmung des Kreises ist so, daß die geweckte Fliehkraft der ablenkenden Kraft des Magneten das Gleichgewicht hält. Die Fliehkraft eines Teilchens von der Masse m, das sich mit der Geschwindigkeit v über einen Kreis mit dem Halbmesser r bewegt, ist $m v^2/r$. Daraus gewinnen wir eine zweite Gleichung

$$\varepsilon\, v\mathfrak{H} = \frac{m v^2}{r} \quad \text{oder} \quad \frac{\varepsilon/m}{v} = \frac{1}{r\mathfrak{H}}$$

Da man den Krümmungshalbmesser r durch Beobachtung findet und die Stärke des Magnetfeldes ebenfalls als bekannt angenommen wird, so ergibt sich aus diesen beiden Gleichungen die Geschwindigkeit v und die Größe ε/m für das Kathodenstrahlteilchen. Man findet

$$v = \frac{H l^2}{2 a r \mathfrak{H}} \quad \text{und} \quad \varepsilon/m = \frac{H l^2}{2 a r^2 \mathfrak{H}^2}\,.$$

Zu S. 84. Wenn hier nur von der ersten Dezimale die Rede ist, so geschieht das nicht etwa deswegen, weil die Atomgewichtsbestimmungen noch nicht genau genug wären, um weitere Stellen mit Sicherheit angeben zu können. Bei den leichteren Elementen besonders ist das in vielen Bestimmungen durchaus der Fall, aber dann zeigt sich, daß die folgenden Stellen in Wirklichkeit nicht gleich Null sind. So hat Sauerstoff nicht genau das Atomgewicht 16, sondern etwas weniger. Und da man viele Atomgewichtsbestimmungen gerade durch einen Vergleich mit dem Sauerstoff erzielte, so hat man zunächst willkürlich das Gewicht des Sauerstoffatoms 16,000 gesetzt. Danach gemessen wäre dann das Gewicht des Wasserstoffatoms 1,008, wie es auch in der Tabelle S. 22 angegeben ist. Der Grund für diese Abweichung von der strengen Ganzzahligkeit wird in der Relativitätstheorie gesucht. Danach muß sich auch die Masse eines Gebildes vermindern, wenn ihm große Energiemengen entzogen werden. So würde sich aus dem Gewicht des Wasserstoffs das des Heliums zu $4 \cdot 1,008 = 4,03$ ergeben. In Wirklichkeit findet man aber nur 4,00. Den Verlust von 0,03 sieht man darin, daß bei der Bildung des Heliums aus dem Wasserstoffkern große Energiemengen abgegeben wurden. Diese Energie müßte dann wieder aufgewandt werden, wenn man den Heliumkern wieder in seine Bestandteile zerlegen wollte. Die Energie wäre aber so groß, daß die Zertrümmerung des Heliumkerns bisher nicht gelungen ist. Um hier ein Eingehen auf die Relativitätstheorie zu vermeiden, wurde im Text die Erwägung auf die erste Dezimale beschränkt.

Zu S. 91. Den Winkel α zwischen dem ursprünglichen und dem gebeugten Strahl findet man durch die Beachtung, daß er auch gleich dem Winkel $AA'C$ ist, und daher ist $\sin \alpha = AC/a$, wo a die Gitterkonstante, Abstand eines Striches von dem folgenden ist. Daher tritt dort die größte Verstärkung der beiden Wellenteile ein, wo diese Strecke $AC = \lambda$ gleich der Wellenlänge des benutzten Lichtes ist. Durch Beobachtung des Ablenkungswinkels $BAB' = \alpha$ kann man daher sofort die Wellenlänge messen, da $\lambda = a \sin \alpha$ ist. Wenn es sich um die Auswahl eines geeigneten Gitters handelt, so ist zu beachten, daß zur sicheren Beobachtung erfordert wird, daß das Spaltbild B' nicht noch teilweise mit dem Spaltbild B zusammenfalle, daß also der Winkel α nicht zu klein sei. Nun ist $\sin \alpha = \lambda/a$, also um so kleiner, je kleiner die Wellenlänge λ ist. Für sehr kurze Wellen kann es sich daher ereignen, daß ein Gitter ungeeignet ist, wenn zugleich seine Gitterkonstante a zu groß ist. Wenn mit kleinerem λ die Gitterkonstante a auch im gleichen Schritt kleiner wird, so bleibt der Winkel α immer derselbe. Oder wenn man eine kurze Welle mit einem Gitter der Konstanten a nicht mehr beobachten kann, so geht das doch wieder, wenn man ein feineres Gitter wählt. Man beachte diese Bemerkungen bei der Behandlung der Röntgenstrahlen auf S. 117 u. ff.

Zu S. 105. Angenommen, eine kleine Kugel mit $z\varepsilon$ positiven Ladungseinheiten. Wenn die Einheit der Elektrizität sich im Felde dieser Kugel bewegt, so muß nach der Lehre vom Potential eine Arbeit geleistet werden. Ist die bewegte Einheit negativ, so muß bei der Entfernung gegen die elektrische Anziehungskraft gearbeitet werden, und wenn die Einheit aus dem Abstand r vom Kugelmittelpunkt in unendlich große

Entfernung gebracht werden soll (d. h. in einen Abstand, wo die elektrischen Kräfte keinen wahrnehmbaren Einfluß mehr haben), so ist die zu leistende Gesamtarbeit $z\,\varepsilon/r$, wird aber die Ladung ε so bewegt, so ist die Arbeit $z\,\varepsilon \cdot \varepsilon/r = z\,\varepsilon^2/r$ zu leisten. Umgekehrt, wenn die Ladung aus großer Entfernung bis in diesen Abstand herankommt, so wird sie dabei mit derselben Kraft angezogen und beschleunigt, und im Punkte r hat sie die Energie bekommen, die ebenfalls gleich $z\,\varepsilon^2/r$ ist. Sie könnte dann diese Energie nach außen abgeben, wenn sie in r in Ruhe bleiben sollte. — In unserm Fall soll aber das Elektron in dem neuen Abstand umlaufen um den Kern, es soll also die nötige Bewegungsenergie behalten und kann daher nicht die ganze Energie nach außen abgeben. Die Geschwindigkeit ist dadurch bestimmt, daß die bei dem Umlauf geweckte Fliehkraft gleich ist der Anziehungskraft in diesem Abstand. Die Fliehkraft ist bei der Geschwindigkeit v und dem Abstand r vom Mittelpunkt der Bahn $m\,v^2/r$ und die Anziehung nach dem Gesetz von Coulomb $z\,\varepsilon \cdot \varepsilon/r^2$. Daher muß

$$1)\qquad \frac{z\,\varepsilon^2}{r^2} = \frac{m\,v^2}{r} \qquad \text{oder} \qquad \frac{m\,v^2}{2} = \frac{z\,\varepsilon^2}{2r}$$

sein. Es ist die zum Umkreisen nötige Energie gerade die Hälfte der Gesamtenergie, die das Elektron bei der Annäherung bekommt. Daher kann es nur die andere Hälfte nach außen abgeben, die eine muß ihm belassen werden zur Ausführung der Kreisbewegung. Und wenn ein Elektron aus der Bahn r_2 in die Bahn r_1 übergeht, so kann es den Unterschied der Energiebeträge für die beiden Bahnen nach außen abgeben. Das ist, wenn wir diese Energie mit e bezeichnen,

$$2)\qquad e = \frac{z\,\varepsilon^2}{2}\left(\frac{1}{r_1} - \frac{1}{r_2}\right).$$

Und daher folgt aus der Annahme, daß diese Energieabgabe in Gestalt einer Schwingung nach dem Planckschen Gesetz erfolgt, die Schwingungszahl

$$3)\qquad \nu = \frac{e}{h} = \frac{z\,\varepsilon^2}{2h}\left(\frac{1}{r_1} - \frac{1}{r_2}\right).$$

Da diese Gleichung für alle Abstände r gilt, so auch für die besonderen Abstände a_1, a_2, a_3, die nach der Bohrschen Annahme gestattet sind. Nehmen wir allgemein $r_1 = a_p = a_1 p^2$ und $r_2 = a_n = a_1 n^2$, so können wir schreiben

$$4) \qquad \nu = \frac{z\varepsilon^2}{2ha_1}\left(\frac{1}{p^2} - \frac{1}{n^2}\right).$$

Setzen wir darin für den Wasserstoff $z = 1$ und bezeichnen dann den ganzen Ausdruck vor der Klammer, der nur konstante Größen enthält, mit R, so erhalten wir die Formel

$$\nu = R\left(\frac{1}{p^2} - \frac{1}{n^2}\right),$$

und für den besonderen Fall, daß $p = 2$ ist, geht diese Formel ganz über in die Balmersche Formel.

Man könnte aus der Gleichung 4 die Konstante R sogleich berechnen, wenn noch der Wert von a_1, also der Halbmesser der ersten Bahn, bekannt wäre. Bohr gelang es, auch diese Bestimmung vorzunehmen.

In einem ersten Verfahren gelang die Berechnung der Atombahnen, indem man die Größe der Konstanten R aus der Erfahrung, also aus der Balmerschen Formel, nahm. Wir gehen aus von der Formel 3. Damit diese für alle Werte von r mit der Balmerschen gleich werde, müssen die einzelnen Glieder in der Balmerschen und der Bohrschen Formel gleich werden, indem man aber $z = 1$ nimmt. Darum muß für alle Werte von r_p gelten

$$\frac{\varepsilon^2}{2r_p h} = \frac{R}{p^2}. \quad \text{Daher muß} \quad r_p = \frac{\varepsilon^2}{2Rh}p^2$$

Da das gelten soll für alle Werte von p, die aber nach der Erfahrung der Balmerschen Formel nur ganze Zahlen sein können, so müssen sich also die Halbmesser r der verschiedenen Bahnen verhalten wie die Quadrate der ganzen Zahlen, so wie es in unseren Gleichungen auch von Anfang an angenommen war. Für die erste Bahn ist $p = 1$ zu setzen, und wir bekommen für $r = a_1 = \dfrac{\varepsilon^2}{2Rh}$.

Nur müssen wir beachten, daß bisher die Zahl R als Wellenzahl berechnet war. In unserer Ableitung bedeutet ν

die Schwingungszahl. Wir haben daher statt R zu setzen cR, wo c die Lichtgeschwindigkeit bedeutet $= 3 \cdot 10^{10}$ cm. So können wir den Durchmesser der ersten Elektronenbahn des Wasserstoffs berechnen. Wir finden

$$2a_1 = \frac{\varepsilon^2}{Rch} = \frac{(4{,}77)^2 \cdot 10^{-20}}{109677 \cdot 3 \cdot 10^{10} \cdot 6{,}5 \cdot 10^{-27}} = 1{,}06 \cdot 10^{-8} \text{ cm.}$$

Dieses Ergebnis ist insofern sehr befriedigend, als es mit dem Durchmesser der Gasmolekeln, wie er aus ganz anderen Größen berechnet war, sehr gut übereinstimmte.

Endlich gelang es, in einem weiteren Verfahren sogar die Werte von a zu berechnen, ohne daß man die Erfahrung hätte zu Hilfe nehmen müssen. B o h r machte aber dazu eine dritte Annahme, die er das Korrespondenzprinzip nannte. Darunter versteht er folgendes. Es kann kein Zweifel sein, daß bei Erregung der elektrischen Wellen von großer Wellenlänge, wie wir sie im Radio erzeugen, die Schwingungszahl der Welle übereinstimmt mit der Schwingungszahl des Funkens, der die Welle erzeugt. Große Wellen sind solche mit kleiner Schwingungszahl oder kleinen Energiequanten. B o h r nahm nun an, daß bei Wellen mit kleinen Energiequanten die Schwingungszahl auch hier mit der Anzahl der Umläufe des Elektrons übereinstimmen werde. Dadurch erhielt er eine neue Gleichung für die Bestimmung von a_1. Wenn die Geschwindigkeit des Elektrons auf seiner Bahn v ist und der Bahnumfang ist $2\pi r = 2\pi a_1 n^2$ für die Bahn a_n, so werden die Umläufe in der Sekunde betragen

$$5) \qquad\qquad \nu = \frac{v}{2\pi a_1 n^2}.$$

Das ist der mathematische Ausdruck für das Korrespondenzprinzip, daß dieses ν auch die Schwingungszahl der ausgesandten Welle sein soll.

Dazu hat er nun die allgemeine Gleichung, die aber hier, wo es sich um kleine Energieumsätze handeln soll, dementsprechend zu gestalten ist. Kleine Energieumsätze werden zur Ausstrahlung kommen, wenn das Elektron zwischen zwei sehr nahe benachbarten Bahnen großer Halbmesser übergeht. Wir nehmen also an, es komme von der Bahn $n+1$ auf die

Bahn n, wo dann n eine sehr große Zahl sein soll. Dann können wir den Klammerausdruck so umformen

$$\frac{1}{n^2} - \frac{1}{(n+1)^2} = \frac{(n+1)^2 - n^2}{n^2(n+1)^2} = \frac{2n+1}{n^2(n+1)^2} = \frac{2}{n^3}.$$

Wenn wir, da n sehr groß sein soll, 1 neben n und neben $2n$ vernachlässigen. Dann wird

6) $$\nu = \frac{z\varepsilon^2}{ha_1 n^3}.$$

Endlich gilt auch noch, wie für alle Fälle, die Bedingung über die Fliehkraft, die gleich der elektrischen Anziehung sein muß.

$$\frac{z\varepsilon^2}{r^2} = \frac{mv^2}{r} \quad \text{oder da} \quad r = a_1 n^2.$$

7) $$\frac{z\varepsilon^2}{m} = v^2 a_1 n^2.$$

In diesen drei Gleichungen haben wir die Unbekannten ν, v und a_1. Es kommt uns vor allem auf die Berechnung von a_1 an. Aus 5) und 6) gewinnen wir

$$\frac{z\varepsilon^2}{hn} = \frac{v}{2\pi}.$$

Diese Gleichung quadriert gibt mit 7)

$$a_1 = \frac{h^2}{4\pi^2 z\varepsilon^2 m}.$$

Wird dieser Wert von a_1 in die Gleichung 4) eingeführt, so bekommen wir

$$\nu = \frac{2\pi^2 \varepsilon^4 m}{h^3} z^2 \left(\frac{1}{p^2} - \frac{1}{n^2}\right).$$

Soll ν wie in der B a l m e r schen Formel als Wellenzahl berechnet werden, so ist noch durch c zu dividieren. Und wenn wir dann $\dfrac{2\pi^2 \varepsilon^4 m}{ch^3} = R$ setzen, so wird $\nu = Rz^2 \left(\dfrac{1}{p^2} - \dfrac{1}{n^2}\right).$

Man sieht nun, daß R berechnet werden kann, denn der Ausdruck enthält nur Größen, deren Wert schon bekannt ist.

Zu S. 107. Wir können den Nachweis für beide Fälle auf einmal durchführen. Es ist

$$R\left(\frac{1}{(p+\frac{1}{2})^2} - \frac{1}{(n+\frac{1}{2})^2}\right) = \frac{4R}{(2p+1)^2} - \frac{4R}{(2n+1)^2}$$

$$= 2^2 R\left(\frac{1}{(2p+1)^2} - \frac{1}{(2n+1)^2}\right).$$

Darin sind nun $2p+1$ und $2n+1$ nur ganze Zahlen. Aber es ist jetzt die Zahl 2^2 vor die Klammer getreten. Eine solche Quadratzahl hat aber dort ihren Platz nach der allgemeinen Gleichung, die auch für den Fall von z Elementarladungen im Kern gültig ist. Das würde also besagen, daß die beobachteten Linien einem Stoff mit der Kernladung 2 zukommen. Ein solcher Stoff ist das Helium, und der neue Versuch entschied dann wirklich, daß Heliumgas diese Wellen aussende.

Zu S. 109. Die Energiequanten einer Welle von der Länge λ und folglich von der Schwingungszahl $\nu = c/\lambda$ sind nach der

Planckschen Annahme $e = h\nu = \dfrac{hc}{\lambda}$. Da $h = 6{,}5 \cdot 10^{-27}$, $c = 3 \cdot 10^{10}$ und $\lambda = 2{,}537 \cdot 10^{-5}$ cm war, so folgt

$$e = \frac{6{,}5 \cdot 10^{-27} \cdot 3 \cdot 10^{10}}{2{,}537 \cdot 10^{-5}} = 7{,}8 \cdot 10^{-12} \text{ Erg.}$$

Die Elektronen mußten nach dem Versuch eine Beschleunigung bekommen durch das Potential von 4,9 Volt, dann wurde ihre Energie von den Quecksilberatomen angenommen. Diese Energie berechnet sich wie folgt. Wenn eine elektrische Einheit den Potentialwert V durchlaufen hat, so bedeutet das, die Einheit hat die Energie V erhalten, wenn die Bewegung in der Richtung der Kraft erfolgt ist, was hier der Fall war. Wenn aber ε Einheiten diesen Weg machen, so erhalten sie die Energie εV. Da ε hier in elektrostatischen Einheiten angegeben ist, müssen wir auch V Volt in solche umrechnen. Es sind 300 Volt eine elektrostatische Einheit, daher sind 4,9 Volt 4,9/300 elektrostatische Einheiten, und da $\varepsilon = 4{,}77 \cdot 10^{-10}$ elektrostatische Einheiten ausmachen, so ist die Energie der einzelnen Elektronen

$$\frac{4{,}9 \cdot 4{,}77 \cdot 10^{-10}}{300} = 7{,}8 \cdot 10^{-12} \text{ Erg.}$$

Zu S. 122. Die Gesetzmäßigkeit in der Aussendung des Röntgenspektrums tritt in der folgenden Überlegung besonders anschaulich hervor. Die allgemeine Bohrsche Gleichung für die Wellenzahlen lautet

$$\nu = R z^2 \left(\frac{1}{p^2} - \frac{1}{n^2} \right),$$

wo unter z die Kernladung des aussendenden Atoms zu verstehen ist. Wendet man diese Gleichung immer auf dieselbe Linie an, z. B. auf die Linie, die beim Übergang von der zweiten Bahn $n=2$ auf die erste $p=1$ ausgesandt wird, so hat für alle diese Linien der Klammerausdruck den gleichen Wert $^1/_1 - {}^1/_4 = {}^3/_4$. Für die zweite Linie der K-Gruppe ist $p=1$ und $n=3\ldots$ daher $^1/_1 - {}^1/_9 = {}^8/_9$. Ähnlich bekommt man für die ersten Linien der L-Gruppe $p=2$, $n=3$, also $^1/_4 - {}^1/_9 = {}^5/_{36}$ usw. Bleiben wir jetzt bei der ersten Linie, wo der Klammerausdruck den Wert $^3/_4$ hat. Dann ist $\nu = 3R/4 \cdot z^2$, und wenn darin der Reihe nach $z = 1, 2, 3, 4 \ldots$ gesetzt wird, gibt die Formel die Wellenzahlen für alle Stoffe des periodischen Systems. Betrachten wir nun zwei aufeinanderfolgende Stoffe mit der Kernladung z und $z+1$. Wir wollen auch gleich dazunehmen, daß bei der Röntgenstrahlung, wie auf S. 137 ausführlicher dargelegt ist, die Wirkung des Kerns durch den Einfluß der anderen Elektronen zum Teil aufgehoben sei, so daß wir richtiger setzen müßten $z-a$ und $z-a+1$ für die beiden aufeinanderfolgenden Stoffe, wo dann a die Abschirmung bedeutet, die für alle Stoffe wenigstens einer Serien als gleich gefunden wird. Dann haben wir für diese beiden Stoffe die Wellenzahlen der ersten K-Linien

$$\nu_z = \tfrac{3}{4} R (z-a)^2 \qquad \text{oder} \qquad \sqrt{\nu_z} = (z-a)\sqrt{3R/4}$$

$$\nu_{z+1} = \tfrac{3}{4} R (z-a+1)^2 \qquad \sqrt{\nu_{z+1}} = (z-a+1)\sqrt{3R/4}$$

$$\text{Folglich} \quad \sqrt{\nu_{z+1}} - \sqrt{\nu_z} = \sqrt{3R/4}.$$

Das sagt, daß die Quadratwurzel aus den Wellenzahlen für die erste K-Linie von der Kernladungszahl z ganz unabhängig bei zwei aufeinanderfolgenden Stoffen des Systems immer um dieselbe Zahl $\sqrt{3R/4}$ zunimmt. Dieselbe gleichmäßige Zunahme finden wir auch für alle übrigen Linien, nur daß statt $^3/_4$ die angegebenen Werte stehen. Wenn wir also eine Kurve zeichnen, in der unten waagerecht immer die Kernladungen z, also die Atomnummern aufgetragen werden und dann senkrecht dazu die Quadratwurzeln aus den Wellenzahlen, so steigt diese Linie zu jedem folgenden Element um ein gleiches Stück an, wir erhalten also eine gerade Linie. Der Erfolg lag nun darin, daß die Erfahrung diese gleichmäßig ansteigende Gerade für die K-Linie wirklich gegeben hat. Und Moseleys Verdienst war es, gesehen zu haben, daß man die gemessenen Wellenzahlen wirklich in der angegebenen Weise in einer geraden Linie darstellen kann. (Vgl. Abb. 40.)

Die Ableitung gilt, wie man leicht sehen kann, nur unter der Voraussetzung, daß die Abschirmungszahl a sich beim Übergang zum folgenden Atom nicht ändert. Da bei der Aussendung der Linien der höheren Gruppen M, N ... die Elektronen in viel geringerer Zahl außerhalb des strahlenden Elektrons liegen, sondern in viel größerer Zahl innerhalb seiner Zone, so ist zu erwarten, daß bei diesen Linien a größer wird. Und wenn auch innerhalb einer Gruppe mit zunehmender Kernzahl die Abschirmung sich ändern sollte, so würde das auf eine Änderung der näher am Kern gelegenen Elektronenzahl hindeuten. Es könnte dann sogar sein, daß zwar die Kernladung um eine Einheit zunähme, die Abschirmung aber ebenfalls um eine, dann käme in der Klammer für das zweite Element $z - (a + 1) + 1 = z - a$. Der ganze Ausdruck wäre gerade so groß wie für den ersten der beiden Stoffe, das würde bedeuten, daß die Wellenzahl v_{z+1} gar nicht größer ist als v_z. Eine Zunahme der Abschirmung macht sich also immer dadurch in der Schaulinie bemerkbar, daß der Anstieg der Linie geringer wird oder gar ganz aufhört, die Linie geht ohne Anstieg weiter, wie wir es in Abb. 40 an verschiedenen Stellen sehen können.

Namen- und Sachverzeichnis.